Die Feldschwächung bei Bahnmotoren

Von

Dr.-Ing. Leonhard Adler
Oberingenieur der Großen Berliner Straßenbahn

Mit 37 Textabbildungen

Berlin
Verlag von Julius Springer
1919

ISBN-13:978-3-642-89496-1   e-ISBN-13:978-3-642-91352-5
DOI: 10.1007/978-3-642-91352-5

Alle Rechte, insbesondere das der Übersetzung
in fremde Sprachen, vorbehalten.

Vorwort.

Die Frage der Zweckmäßigkeit der Feldschwächung zur Regelung der Fahrgeschwindigkeit von Bahnmotoren bildete seit langer Zeit den Gegenstand eifriger Erörterungen der maßgebenden Kreise.

Zur Klärung der Angelegenheit wurde auf Anregung des Vereines Deutscher Straßenbahn- und Kleinbahn-Verwaltungen in Berlin die folgende Schrift verfaßt. Sie stellt das Ergebnis dar umfangreicher Untersuchungen des Verfassers in den verschiedenen Bahnbetrieben, sowie besonderer Versuche am Prüfstand und anschließender theoretisch-praktischer Erwägungen.

Die Schrift soll dem Bahntechniker den Weg weisen, wie die Nachteile der Feldschwächung zu vermeiden sind, um die Vorteile für den Betrieb um so wirksamer zu gestalten. Dem Anfänger soll sie zugleich ein Leitfaden sein, wie durch zweckmäßige Wahl der Feldschwächung die Wirtschaftlichkeit von Bahnanlagen erhöht und den Bedürfnissen des Verkehrs am besten entsprochen erden kann.

Berlin, im September 1919.

L. Adler.

Inhaltsverzeichnis.

Die Feldschwächung im allgemeinen	1
Arten und Größe der Feldschwächung	2
Vorteile der Feldschwächung	7
Allgemeine Betrachtungen	7
Feldschwächung und Zahnradübersetzung	12
Feldschwächung in Reihenschaltung	16
Verstärktes Feld	21
Nachteile der Feldschwächung und deren Vermeidung	26
Verschlechterung der Kommutierung	26
Schädliche Stromstöße bei Abschlagen der Stromabnehmer	28
Bürstenfeuer bei Kurzschlüssen im Netz	34
Überlastung der Motoren bei verschalteten und beschädigten Feldschwächungswiderständen	36
Das Anwendungsgebiet der Feldschwächung	40

Die Feldschwächung im allgemeinen.

Die Umdrehungszahl elektrischer Motoren ist bekanntlich abhängig sowohl von der Stärke des Feldes wie von der zugeführten Ankerspannung. Nach der Grundbeziehung

$$\text{Umdrehungszahl} = \frac{\text{Spannung}}{\text{Feldstärke}} \cdot K,$$

wobei K eine Konstante ist, die von den Abmessungen der betreffenden Maschine abhängig ist, wird eine Erhöhung der Geschwindigkeit erzielt sowohl durch die **Steigerung der Spannung** wie durch die **Schwächung des Feldes**. Beide Regelungsarten werden ebenso fürs Anlassen der Maschinen vom Stillstand bis zu ihrer normalen Betriebsspannung wie dann auch zur weiteren Geschwindigkeitssteigerung verwendet.

Zum Anlassen wird bei Gleichstrombahnen meistens die zugeführte Spannung in vorgeschalteten Widerständen abgedrosselt und durch stufenweises Kurzschließen dieser Widerstände erhöht. Diese Anlaßart ist infolge der Verluste in den Vorschaltwiderständen wenig wirtschaftlich. Sie kann jedoch bei Verwendung von zwei oder mehr Motoren durch Hintereinander- und hierauf folgender Nebeneinanderschaltung der einzelnen Motoren oder Motorgruppen stromsparender gestaltet werden. Nur bei Triebwagen, die ihre Stromquelle selbst mitführen, so z. B. bei den benzolelektrischen Triebwagen mit Leonard-Schaltung, wird die den Motoren zugeführte Spannung unmittelbar durch Regelung der Erzeugungsspannung wirtschaftlich gesteigert.

Die **Schwächung des Feldes zum Anlassen der Motoren** wurde in den ersten Jahren des Baues elektrischer Bahnen häufiger verwendet; sie erreichte in der sogenannten Spragueschaltung der General-Electric-Co. und der AEG Ende der 90er Jahre eine besondere Vervollkommnung. Infolge der großen Empfindlichkeit der Motoren bei dieser Schaltung und der verhältnismäßig umständlichen Zwischenverbindungen kam man jedoch später von der Feldregelung beim Anlassen wieder ab.

Für die Steigerung der Geschwindigkeit bei bereits voll eingeschalteten Motoren hat jedoch die Feldschwächung trotz mancher anfänglicher Schwierigkeiten große Bedeutung erlangt. Abgesehen von den wirtschaftlichen Vorteilen durch die Verringerung des Stromverbrauchs und der Beanspruchung der Motoren, die in den folgenden Ausführungen näher besprochen werden sollen, gestattet sie durch verschiedene Wahl des Feldschwächungsgrades nachträglich auch bei vorhandenen Anlagen die Fahrgeschwindigkeiten der Triebzeuge zu steigern.

Arten und Größe der Feldschwächung.

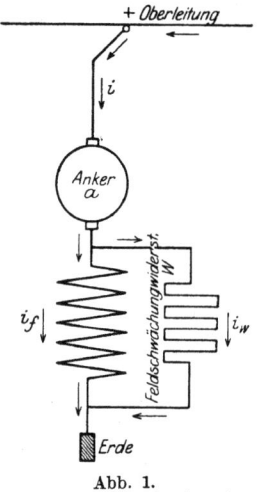

Abb. 1.
Feldschwächung durch einen parallel geschalteten Widerstand.

Die Geschwindigkeitssteigerung durch Regelung des Feldes kann in verschiedener Weise erfolgen, und zwar

1. durch Verringerung des Feldstromes,
2. durch Abschaltung von Feldwindungen,
3. durch Vergrößerung des Luftspaltes.

Letztere Regelungsart hat jedoch praktisch geringe Bedeutung und wurde bei Bahnmotoren überhaupt nicht verwendet.

Die gebräuchlichste Art zur Regelung des Feldstromes ist die Parallelschaltung eines Widerstandes (Shuntes)[1]) zu den Feldspulen derart, daß ein Teil des Feldstromes durch diesen Widerstand abgeleitet wird (Abb. 1). Die Verteilung des Stromes in Feld und Widerstand erfolgt

---

[1]) Die bisher meist verwendete Bezeichnung „Shunt" sowie das vollkommen undeutsche Wort „shunten" wurden in den folgenden Ausführungen stets ersetzt durch „Feldschwächungswiderstand" sowie „Feldschwächen". — Gelegentlich der Vereinheitlichung der Bezeichnungen wird es sich empfehlen, auch hierfür kürzere deutsche Ausdrücke festzusetzen.

Arten und Größe der Feldschwächung.

dann bekanntlich nach dem Kirchhoffschen Gesetz im Verhältnis der beiden Ohmwerte. Beträgt beispielsweise der gesamte Strom 100 Ampere und sind die Ohmwerte des Feldes 0,3, des Widerstandes 0,5 Ohm, so ergeben sich die Ströme im Feld (i_f) und im Widerstand (i_w) wie folgt:

$$i_f + i_w = 100$$
$$i_f \cdot 0{,}3 = i_w \cdot 0{,}5$$
$$i_f = \frac{0{,}5}{0{,}5 + 0{,}3} \cdot 100 = 62{,}5 \text{ Ampere,}$$
$$i_w = \frac{0{,}3}{0{,}5 + 0{,}3} \cdot 100 = 37{,}5 \text{ Ampere.}$$

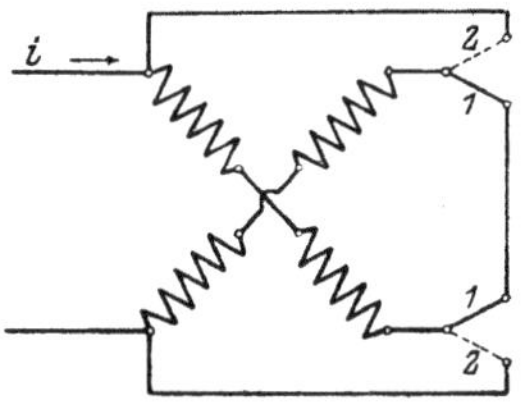

Abb. 2. Feldschwächung durch Reihen-Parallelschaltung der Feldspulen.

Eine Verringerung des Stromes in den Feldspulen kann auch durch verschiedenes Zusammenschalten der Spulen erzielt werden; so z. B. dadurch, daß die vier Feldspulen eines Motors zuerst hintereinander und dann in zwei Gruppen nebeneinander geschaltet

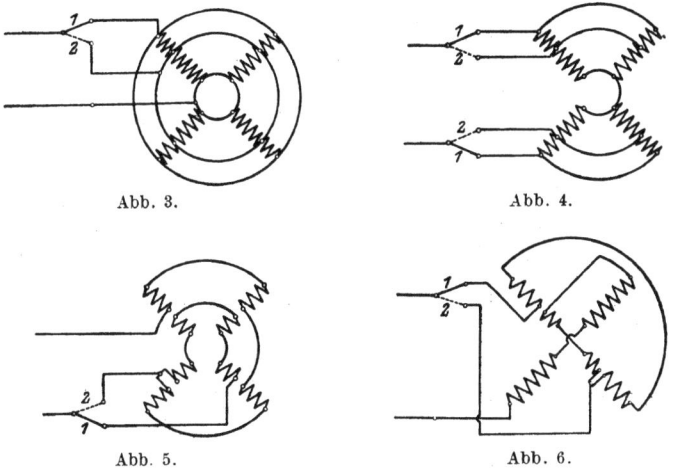

Abb. 3.   Abb. 4.

Abb. 5.   Abb. 6.

Feldschwächung durch Abschaltung von Teilen der Feldwicklung.

werden (Abb. 2). Im ersten Falle werden die vier Spulen vom gesamten Motorstrom durchflossen, im zweiten Falle nur von der Hälfte des Stromes. Auch bei der Regelung durch Abschalten von Feldwindungen sind verschiedene Möglichkeiten gegeben. In Abb. 3—6 sind einzelne Schaltarten wiedergegeben. Außerdem wurde auch noch bei einzelnen Straßenbahnbetrieben eine Schaltung verwendet, bei der von den vier Feldspulen zwei überhaupt vollkommen abgeschaltet wurden (Abb. 7). Diese Art der Feldschwächung ist jedoch infolge der ungleichmäßigen Feldverteilung und daher auch ungünstigen Kommutierung nicht empfehlenswert.

Die Größe der Feldschwächung wird bei Parallelschaltung eines Widerstandes im allgemeinen im Prozentsatz des Stromes, der durch das Feld fließt, zum Ankerstrom ausgedrückt. So bedeutet beispielsweise 60% Feldschwächung bei einem Gesamtstrom (Ankerstrom) von 100 Ampere, daß durch die Feldwicklung 60 Ampere und durch den parallel geschalteten Widerstand (Shunt) 40 Ampere fließen. Neben dieser Ausdrucksweise ist auch noch eine andere im Gebrauch, bei der der Grad der Feldschwächung angibt, um wieviel der Strom geschwächt wurde. In diesem Falle heißt dann 60% Feldschwächung bei 100 Ampere Gesamtstrom, daß durch das Feld nur 40 Ampere fließen, während durch den Widerstand die übrigen 60 Ampere abgeleitet werden.

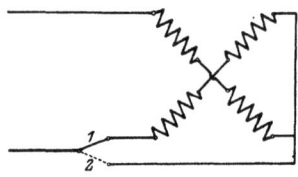

Abb. 7. Feldschwächung durch Abschalten von 2 Polen.

Die erste Bezeichnungsweise:

$$\text{Schwächungsgrad} = \frac{\text{Feldstrom}}{\text{Ankerstrom}}$$

hat bisher größere Verbreitung gefunden und wurde auch in den folgenden Ausführungen verwendet. Eine allgemeine Festsetzung der Ausdrucksweise für die Feldschwächung wäre sehr wünschenswert.

Die Größe der zulässigen Feldschwächung ist vor allem abhängig von der Bauart der Motoren. Bei Motoren ohne Wendepole wird, wie in dem Abschnitt über „Nachteile der Feldschwächung" näher nachgewiesen wird, eine Feldschwächung nur in sehr niedrigen Grenzen zulässig sein. Wie auch die Erfahrungen im Laufe der Jahre erwiesen haben, ist es ratsamer, sie bei solchen Motoren ganz fortzulassen.

Bei Wendepolmotoren kann Feldschwächung ohne weiteres verwendet werden, ihre Größe wird jedoch nach der Bauart der Motoren verschieden zu wählen sein. So werden auch beispiels-

Arten und Größe der Feldschwächung. 5

weise Motoren mit nur zwei Wendepolen im allgemeinen einen geringeren Feldschwächungsgrad vertragen als solche mit vier Wendepolen; ebenso wird auch die Anordnung der Anschlüsse der Ankerwicklung am Kollektor und die Größe der Lamellenspannung auf den zulässigen Grad der Feldschwächung von Einfluß sein.

Wie die Erfahrung jedoch gelehrt hat, werden bei den meisten Wendepolmotoren die Felder bis zu etwa 50%, das heißt auf die Hälfte ihres Normalstromes geschwächt werden können. In einzelnen besonderen Fällen wird noch eine größere Feldschwächung möglich sein. Mit Rücksicht jedoch auf die steigende Empfindlichkeit der Maschinen bei plötzlichen Belastungsänderungen wird

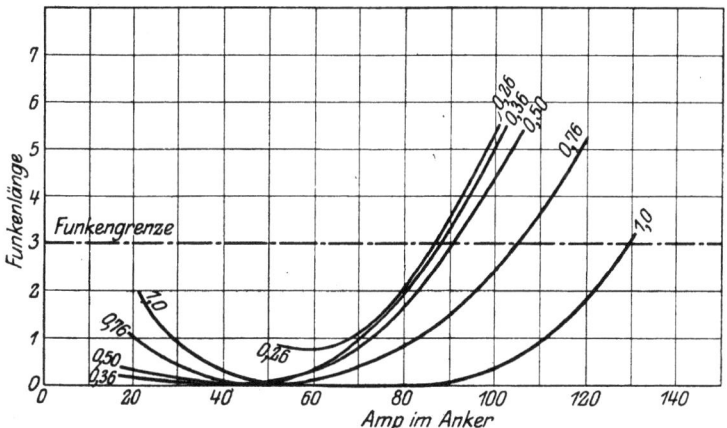

Abb. 8. Funkenlängen an den Kollektorbürsten bei verschiedenen Feldschwächungen und Stromstärken.

es sich empfehlen, auch hier mit der Feldschwächung nicht zu weit zu gehen. Insbesondere ist bei Motoren für höhere Spannungen Vorsicht am Platze. Laufen die Motoren in Reihenschaltung, also mit der Hälfte ihrer Normalspannung, so können ihre Felder noch weiter, unter Umständen bis zu einem Verhältnis von Feldstrom zu Ankerstrom von 30 und 35% geschwächt werden.

Zur Feststellung des Verhaltens von Wendepolmotoren bei den verschiedenen Feldschwächungsgraden und Stromstärken wurden im Prüffelde der AEG diesbezügliche eingehende Messungen durchgeführt, wobei das Feuern an den Kollektorbürsten bei den verschiedenen Belastungen und Feldschwächungsgraden genau beobachtet wurde. In Abb 8 sind die an einen 28 kW-

6 Arten und Größe der Feldschwächung.

Motor für 500 Volt Betriebsspannung festgestellten Längen der Funken an den Kollektorbürsten in Abhängigkeit von der Stromstärke bei verschiedenen Feldschwächungsgraden wiedergegeben. Aus diesen Kurven ist ersichtlich, daß bei einer Feldschwächung bis zu etwa 0,36 der Motor bei ungefähr 45 Ampere ($^3/_4$ seines Stundenstromes) am einwandfreiesten läuft. Bei größerer, ebenso wie bei niedrigerer Stromstärke verhält sich der Motor ungünstiger. Werden 3 mm als höchst zulässige Funkengrenze für ein halbwegs einwandfreies Laufen der Maschine angenommen, so ist aus den Kurven ersichtlich, daß bei vollem

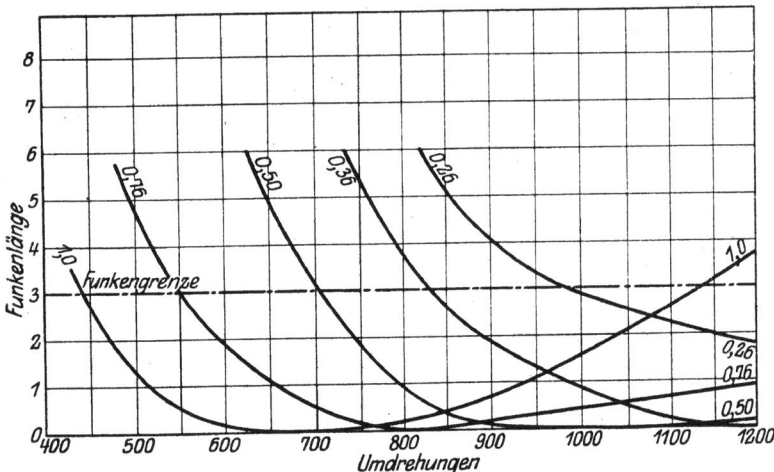

Abb. 9. Funkenlängen an den Kollektorbürsten bei verschiedenen Feldschwächungen und Umdrehungen.

Felde (Schwächungsgrad 1,0) der Motor bis auf etwa den doppelten Wert dieses Stundenstromes belastet werden kann, während er andererseits bei 50% Feldschwächung nur um etwa die Hälfte dieses Stundenstromes überlastet werden darf.

Aus den Kurven ist andererseits ersichtlich, daß für den Normalarbeitsbereich des Motors auch noch eine Feldschwächung:

$$\frac{\text{Feldstrom}}{\text{Ankerstrom}} = 0{,}36$$

zulässig ist. Im praktischen Betriebe jedoch wird der Motor infolge der auftretenden mechanischen Stöße, dem Abspringen der

Bürsten u. dgl. empfindlicher sein und daher zweckmäßig nicht so weit geschwächt werden dürfen.

In Abb. 9 sind die Kurven der Funkenlänge in Abhängigkeit von der Drehzahl statt vom Strom aufgetragen. Auch hier ist ersichtlich, daß bei niedriger Umdrehungszahl, also höherer Belastung, der Motor ohne Feldschwächung am günstigsten läuft, während mit steigender Drehzahl und abnehmender Belastung sich der Motor mit geschwächtem Felde bezüglich Funkens besser verhält. Durch Veränderung in der Bemessung des Hilfsfeldes kann eine Verschiebung im Verlaufe der einzelnen Kurven hervorgerufen werden; ihr allgemeiner Verlauf jedoch wird bei den meisten Wendepolmotoren ein ähnlicher sein.

Vorteile der Feldschwächung.

Zur Beurteilung der Vorteile der Feldschwächung bei Bahnmotoren ist zuvor erforderlich, das elektrische Verhalten der Motoren näher klarzulegen.

Ein Motor wird vor allem durch folgende drei Schaubilder gekennzeichnet:

1. Die Geschwindigkeitskurve, welche entweder die Umdrehungszahl des Motors oder die ihr proportionale Geschwindigkeit des Wagens in Abhängigkeit vom Ankerstrom wiedergibt (Abb. 10, Kurve a).

2. Die Drehmomentkurve in Meterkilogramm oder die ihr proportionale am Umfang des Wagenrades ausgeübte Zugkraft in Kilogramm in Abhängigkeit vom Strom (Abb. 10, Kurve b).

3. Die Erwärmungskurve (Temperaturendkurve Abb. 11), die angibt, welchen Strom der Motor im Prüffelde bei verschiedenen Laufzeiten verträgt, ohne die vom Verband deutscher Elektrotechniker gegebene Erwärmungsgrenze zu überschreiten.

Die ersten beiden Schaulinien — Geschwindigkeits- und Zugkraftkurve — werden bei Kenntnis der Zahnradübersetzung und des Triebraddurchmessers aus den im Prüffelde aufgenommenen Drehzahl- und Wirkungsgradkurven abgeleitet. Aus ihnen läßt sich jederzeit angeben, welche Geschwindigkeit der Wagen bei gegebenem Gewicht, Steigungsverhältnis und Bahnwiderstand annimmt, und gleichzeitig welchen Strom die Motoren hierbei verbrauchen.

Vorteile der Feldschwächung.

Die Zugkraft setzt sich bekanntlich zusammen aus der Kraft, die zur Beschleunigung des Wagens erforderlich ist, und aus der Kraft, die zur Überwindung der Reibungswiderstände gebraucht wird.

$$Z = \frac{G^{kg} \cdot 1{,}06}{2\,g} \cdot p + \frac{G^t}{2} \cdot (w \pm s).$$

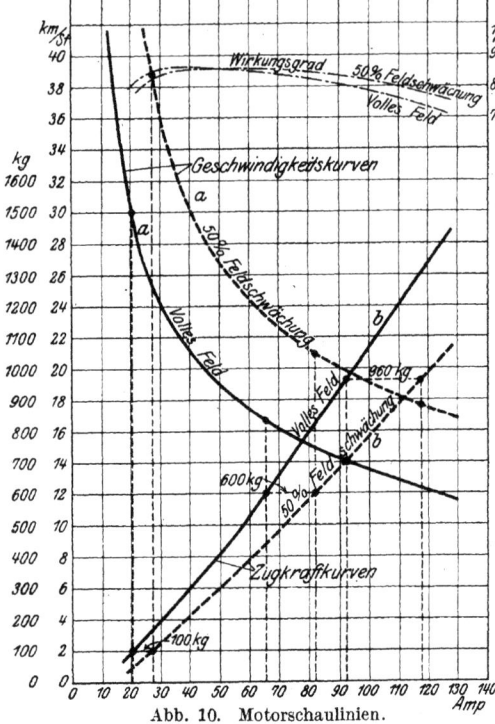

Abb. 10. Motorschaulinien.

Hierbei ist G das Zuggewicht, in Kilogramm bzw. in Tonnen ausgedrückt. $g = 9{,}81$ ist die Beschleunigung der Schwerkraft, p die Anfahrbeschleunigung des Wagens, w der Reibungswiderstand des Wagens und $\pm s$ die Steigung bzw. das Gefälle der Strecke. Bei zwei Motoren ist das Gewicht G, wie in der Formel angegeben, durch 2 zu teilen. 1,06 ist

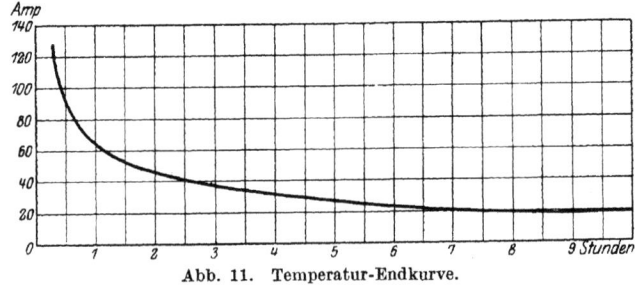

Abb. 11. Temperatur-Endkurve.

ein Erfahrungszuschlag zur Überwindung der Trägheit der rotierenden Massen.

Vorteile der Feldschwächung.

Nach Beendigung der Anfahrperiode und Erreichung des Beharrungszustandes ($p = 0$) ist nur der zweite Teil der Formel vorhanden. Die Zugkraft ist dann:

$$Z = \frac{G}{2} \cdot (w \pm s) .$$

Ist die befahrene Strecke vollkommen eben, dann wird $s = 0$ und die erforderliche Zugkraft ist dann:

$$Z = \frac{G \cdot w}{2} .$$

Bei einem Zuggewicht von beispielsweise 25 t ist bei einem Bahnwiderstand von 8 kg/t die erforderliche Zugkraft in der Ebene $Z = 100$ kg. Hierfür sind laut Kurvenblatt Abb. 10 20 Ampere pro Motor erforderlich. Die erreichbare Geschwindigkeit beträgt 30 km/St. Bei Beschleunigung des Zuges mit $p = 0{,}65$ m/sec² ist gemäß der obigen Formel eine Zugkraft von rund 860 kg für das Anfahren und 100 kg zur Überwindung des Bahnwiderstandes notwendig, also insgesamt 960 kg. Dies entspricht einem Strom von 92 Ampere; die Geschwindigkeit bei voll eingeschaltetem Motor ist dann 14 km/St.

Bei Schwächung des Feldes tritt eine Verschiebung der in Abb. 10 wiedergegebenen Kurven a und b ein. Die Geschwindigkeitskurve verschiebt sich ungefähr im umgekehrten Verhältnis zum Feldschwächungsgrade seitlich, also beispielsweise bei 50% Feldschwächung um den doppelten Betrag ihres Abstandes von der Ordinatenachse. Die Zugkraftkurve erfährt auf Grund der veränderten Wirkungsgrad- und Geschwindigkeitsverhältnisse eine geringere Verschiebung nach abwärts.

Aus der Beobachtung des Verlaufes der Zugkraft- und Geschwindigkeitskurven in Abb. 10 können in Verbindung mit der Temperaturendkurve des betreffenden Motors ganz allgemeine Schlüsse auf die Möglichkeiten gezogen werden, durch die Feldschwächung Vorteile zu erzielen.

Bei Fahrt in der Ebene mit dem vorhin angenommenen Zuggewicht von 25 t ist eine Zugkraft von 100 kg erforderlich. Wie aus den Kurven ersichtlich, erreicht der Wagen bei dieser Zugkraft und vollem Felde eine Geschwindigkeit von 30 km/St, bei geschwächtem Felde hingegen eine Geschwindigkeit von

38,5 km/St. Da nun bekanntlich die von einem Motor ausgeübte Zugkraft proportional ist dem Produkte aus Ankerstrom und Feld, so wird bei gegebenen Betriebsverhältnissen durch die Schwächung des Feldes eine Vergrößerung des Ankerstromes hervorgerufen. Während daher bei 100 kg Zugkraft und vollem Felde laut Kurve ein Ankerstrom von 20 Ampere erforderliche ist, beträgt der Strom bei Feldschwächung 26 Ampere.

Aus der Temperaturendkurve des betreffenden Motors ergibt sich nun, daß der Motor bei vollem Felde die 20 Ampere über 7 Stunden im Prüffelde verträgt, ohne die Temperaturgrenzen des V. D. E. zu überschreiten. Bei Feldschwächung kann er hingegen mit den erforderlichen 26 Ampere rund $5^1/_2$ Stunden ohne Aussetzen betrieben werden. Es sind dies Zeiten, die im wirklichen Betriebe, wo auch noch die Abkühlung der Motoren durch den äußeren Luftstrom hinzukommt, wohl kaum ununterbrochen durchgefahren werden. Aus dem immer flacher werdenden Verlauf der Temperaturendkurve ist auch zu ersehen, daß eine geringfügige Verringerung der Stromstärke die mit Rücksicht auf die Erwärmung zulässigen Fahrzeiten noch wesentlich erhöht.

Es ergibt sich also, daß bei Fahrt in der **Ebene** die Fahrgeschwindigkeit durch die **Feldschwächung stark gesteigert werden kann, ohne** daß hierbei die Erwärmung der Motoren in **ausschlaggebender** Weise beeinflußt wird.

Anders liegen die Verhältnisse bei Dauerfahrt mit **hoher** Zugkraft auf der Steigung. Bei einer Steigung von beispielsweise $40^0/_{00}$ ist die erforderliche Zugkraft entsprechend dem früheren Beispiel:

$$Z = \frac{25}{2} \cdot (8 + 40)$$

$$= 600 \text{ kg.}$$

Hierzu sind in Abb. 10 erforderlich bei vollem Felde 66 Ampere, bei 50% geschwächtem Felde 82 Ampere, die Geschwindigkeiten betragen 16,7 bzw. 21 km/St. Aus der Temperaturendkurve Abb. 11 ist ersichtlich, daß der Motor mit den erwähnten Strömen fast eine Stunde mit vollem Felde und nur 40 Minuten mit geschwächtem Felde betrieben werden darf. Die mit Rücksicht auf die Erwärmung der Motoren zulässigen Fahrzeiten sind in beiden Fällen sehr gering. — Ein Unterschied zwischen ihnen kann daher für die Beurteilung, ob es auf der Bergfahrt nicht zweckmäßiger ist, **ohne** Feldschwächung zu fahren, von ausschlaggebender Bedeutung sein.

Neben der Frage der Erwärmung, die es ermöglicht, u. U. mit einer **kleineren Motortype** auszukommen, ist vor allem die Möglichkeit der Erzielung von Stromersparnissen für die Verwen-

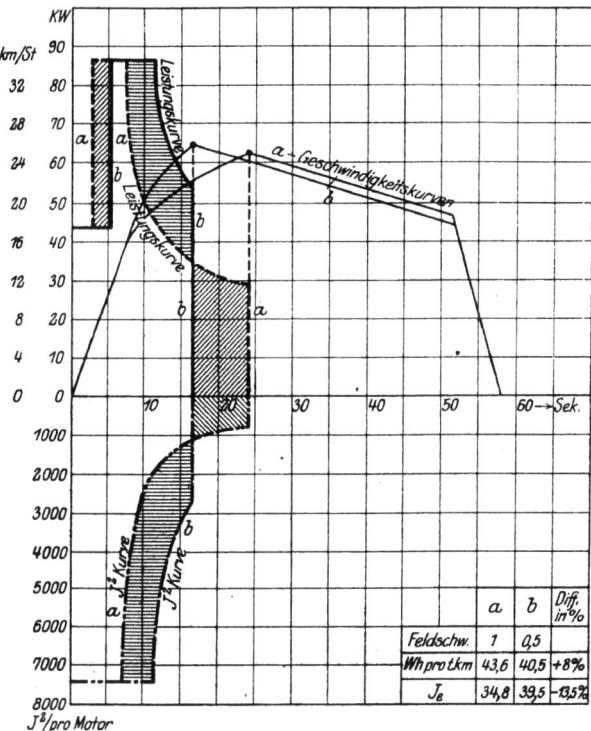

Abb. 12. Fahrdiagramme mit **gleicher Übersetzung**, **mit** und **ohne** Feldschwächung.

dung der Feldschwächung maßgebend. Eine Steigerung der Geschwindigkeit bedeutet im allgemeinen bei sonst gleichen Anfahrverhältnissen, daß der Strom für einen gegebenen Fahrplan früher ausgeschaltet werden kann. Früheres Ausschalten heißt Stromersparnis. In Abb. 12 sind beispielsweise Fahrdiagramme für den in den früheren Schaulinien behandelten Motor wiedergegeben, und zwar mit und ohne Feldschwächung. Die mit a bezeichneten Kurven beziehen sich auf die Geschwindigkeiten, Leistungen und quadratischen Ströme bei vollem Felde; die Kurven *b* beziehen sich hingegen auf die entsprechenden Größen bei geschwächtem Felde. Anfahrbeschleunigung und Bremsverzögerung waren in beiden Fällen die gleichen. Um 300 m in 53 Sekunden zurückzulegen, muß beim Fahren ohne Feldschwächung (Kurve *a*) nach 24 Sekunden, bei Fahrt mit Feldschwächung (Kurve *b*) bereits nach etwa 16,5 Sekunden ausgeschaltet werden. Dementsprechend ist auch die Fläche des Stromverbrauches selber und hiermit der Stromverbrauch um die Differenz zwischen schrägschraffierter und horizontalschraffierter Leistungsfläche kleiner. Die Stromersparnisse betragen in obigem Falle durch die Feldschwächung 6%.

Derartige Stromersparnisse treten ein, wenn beispielsweise bei einer vorhandenen Anlage die Feldschwächung nachträglich eingeführt wird oder wenn bei der gleichen Strecke nebeneinander die gleichen Wagenausrüstungen mit und ohne Feldschwächung laufen. Die Fahrer werden dann, wie auch diesbezügliche eingehende Beobachtungen ergeben haben, ganz von selbst, um die gleiche Fahrzeit einzuhalten, entsprechend früher ausschalten, so daß dann die erwähnten Stromersparnisse tatsächlich erzielt werden können. Nur ungeübte oder nachlässige Fahrer werden die höhere Fahrgeschwindigkeit nicht dazu ausnutzen, um früher auszuschalten und durch die längere mögliche Auslaufzeit Strom zu sparen, sondern sie werden langsamer über die Widerstände schalten und hierdurch wieder unnütz Kraft vergeuden. Aus diesen Umständen heraus ergibt sich die Tatsache, die so oft bei den verschiedenen Straßenbahnbetrieben festgestellt werden konnte, daß bei Betrieb von gleichen Wagen mit und ohne Feldschwächung auf der gleichen Strecke in dem einen Fall durch die Feldschwächung Stromersparnisse, in dem anderen Falle sogar Strommehrverbrauch eintrat.

Es wird daher Sache der Betriebe sein, durch entsprechende Unterweisung des Fahrpersonals und vor allem durch Beachtung, daß stets richtig angefahren und gebremst wird, die geschilderten Vorteile durch die Feldschwächung herauszuholen.

Feldschwächung und Zahnradübersetzung. Wesentliche Vorteile lassen sich erzielen, wenn bei Feldschwächung auch jeweils die zweckentsprechende Übersetzung gewählt wird.

Vorteile der Feldschwächung.

Bekanntlich ist das Drehmoment und daher auch die Zugkraft am Radumfange um so größer, je größer die Übersetzung gewählt wird. Das Drehmoment ist gegeben aus der Beziehung:

$$M = 716{,}20 \cdot \frac{PS \cdot \ddot{u}}{n},$$

wobei:
$$PS = \frac{e \cdot i \cdot \eta \cdot 1{,}36}{1000}$$

und:
$$M = Z \cdot \frac{d}{2}$$

M = Drehmoment,
PS = Leistung,
$\ddot{u}$ = Übersetzung,
n = Drehzahl der Motoren pro Minute,
e = Spannung des Motors,
i = Strom des Motors,
n = Wirkungsgrad einschl. Zahnräder,
Z = Zugkraft am Radumfange,
d = Durchmesser des angetriebenen Rades.

Das Drehmoment ist dann:
$$M = 716{,}20 \cdot \frac{\ddot{u}}{n} \cdot e \cdot i \cdot \eta \cdot \frac{1{,}36}{1000}.$$

Hieraus ergibt sich:
$$Z = \frac{716{,}20 \cdot 1{,}36 \cdot 2}{d \, 1000} \cdot \frac{\ddot{u}}{n} \cdot e \cdot i \cdot \eta$$

$$= 2 \cdot \frac{\ddot{u}}{d} \cdot \frac{e}{n} \cdot i \cdot \eta.$$

Da $\dfrac{e}{n}$ proportional zur Feldstärke und diese wieder nahezu proportional zum Strom ist, ergibt sich

$$\boldsymbol{Z \cong k \cdot \eta \cdot \ddot{u} \cdot i^2}.$$

Neben der unmittelbaren Abhängigkeit der Zugkraft von der Übersetzung ergibt sich aus der obigen Formel, daß, falls die

14 Vorteile der Feldschwächung.

Zugkraft für bestimmte Anfahrverhältnisse die gleiche bleiben soll, bei Vergrößerung der Übersetzung der Strom zum Antrieb der Motoren stark verkleinert wird.

Da nun insbesondere bei Bahnen mit kurzer Haltestellenentfernung und häufigem Anfahren gerade der Anfahrstrom für die Erwärmung der Motoren von ausschlaggebender Bedeutung

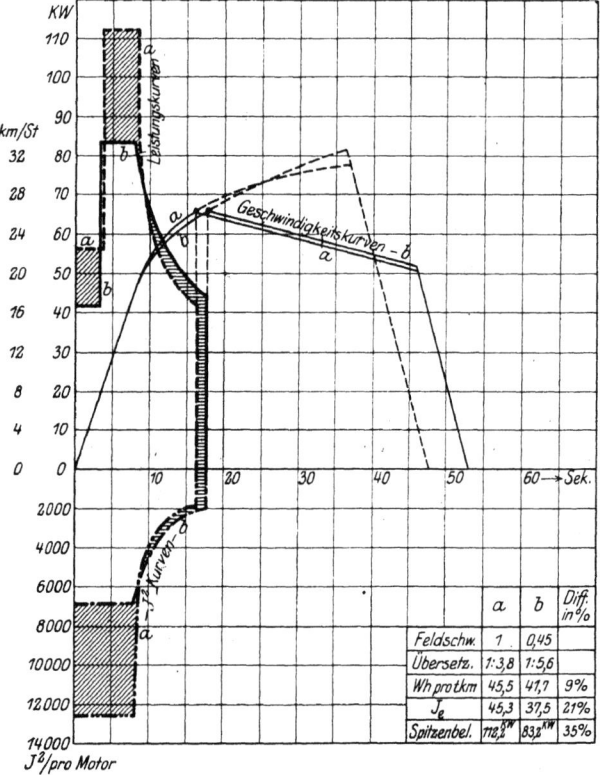

Abb. 13. Fahrdiagramme bei verschiedenen Übersetzungen, mit und ohne Feldschwächung.

ist (die Erwärmung ist proportional zum Quadrate des Stromes), so ergibt sich, daß je größer die Übersetzung ist, desto günstiger die Beanspruchung der Motoren wird, d. h. daß dann unter Umständen mit einem Motor kleinerer Leistung das Auskommen gefunden werden kann.

Durch die Vergrößerung der Übersetzung und den hierdurch bedingten langsamen Lauf des Wagens wird es jedoch nicht möglich sein, die erforderliche Höchstgeschwindigkeit zu erreichen, die zur einwandfreien Einhaltung des Fahrplanes nötig ist. Um sie zu erzielen, muß dann nach Abschaltung der Widerstände Feldschwächung verwendet werden.

In Abb. 13 ist ein Fahrdiagramm für eine Haltestellenentfernung von 300 m und eine mittlere Fahrgeschwindigkeit von 17 km/St wiedergegeben, und zwar in dem einen Falle a für eine Übersetzung von 1 : 3,8 (volles Feld), im zweiten Falle b für eine Übersetzung von 1 : 5,6 und einen Feldschwächungsgrad von 0,45. Nach aufwärts sind die Geschwindigkeits-Zeitschaulinien und der Leistungsverbrauch aufgetragen, nach abwärts der für die Erwärmung maßgebende quadratische Strom. Die schräg gestrichelten Flächen geben die Ersparnisse an, die durch die Wahl der größeren Übersetzung und die Feldschwächung erzielt werden können, die wagerecht gestrichelten den Mehrverbrauch. Der Wattstundenverbrauch/tkm beträgt im Falle a 45,5, im Falle b 41,7 und der mittlere quadratische Strom 45,3 bzw. 37,5 Ampere. Hieraus ergibt sich, daß durch die Feldschwächung in Verbindung mit der größeren Übersetzung eine Herabsetzung des Stromverbrauches um 9% und des mittleren quadratischen Stromes um 21% erzielt werden kann.

Auch die Stromspitzen beim Anfahren, die für die Beanspruchung der Kraftwerke und des Leitungsnetzes von großer Bedeutung sind, werden hierbei von 112,2 kW auf 83,2 kW, also um rund 35% herabgedrückt.

Die Ersparnisse werden um so größer, je größer die Feldschwächung und gleichzeitig auch die Übersetzung gewählt wird. Die Herabsetzung des Stromverbrauches, der Motorbelastung und der Stromspitzen ist sehr anschaulich in Abb. 14 nach Bethge[1]) wiedergegeben.

Vom praktischen Gesichtspunkte aus darf jedoch der Feldschwächungsgrad, wie bereits im vorigen Absatz nachgewiesen wurde, ein bestimmtes Maß nicht überschreiten; andererseits ist auch die Größe der Übersetzung an konstruktive Bedingungen gebunden. Diese sind vor allem: ausreichende Größe des kleinen Zahnrades, damit günstige Verzahnung bei genügender Festigkeit gewährleistet wird; mindestens 90 mm Abstand des Zahnrad-

---

[1]) E. K. B. 1918, Heft 9, S. 76.

schutzkastens von Schienenoberkante[1]), damit ein Schleifen des Kastens auf dem Boden bei abgelaufenen Radreifen und vorstehenden Steinen nicht eintritt.

Wie die Erfahrung gelehrt hat, empfiehlt es sich, bei Straßenbahnmotoren mit Rücksicht auf die obigen Gesichtspunkte das Übersetzungsverhältnis nicht höher als 1:5,7 zu wählen[2]), ein Maß, das nur bei gehärteten Zahnrädern oder besonders bearbeiteten Rädern unter Umständen etwas überschritten werden darf.

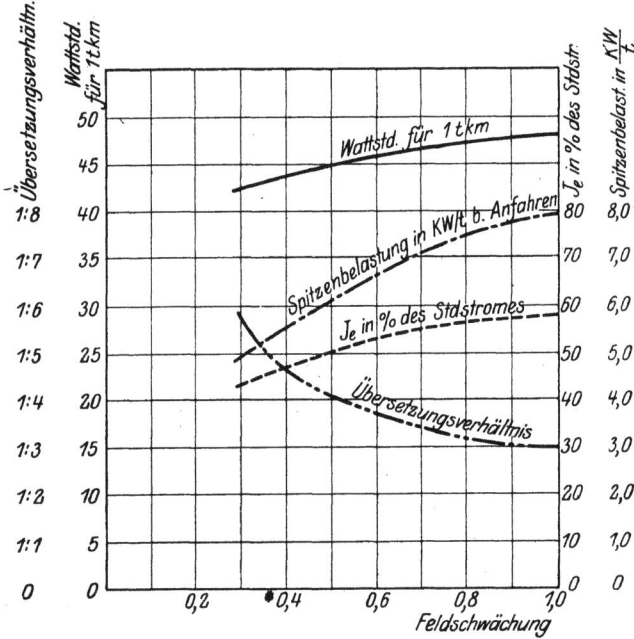

Abb. 14. Einfluß der Feldschwächung und der Übersetzung auf die Herabsetzung des Leistungs- und Stromverbrauches.

Feldschwächung in Reihenschaltung. Wesentliche Vorteile lassen sich auch erzielen, wenn die Feldschwächung nicht nur in der Nebeneinanderschaltung, sondern auch in der Reihenschaltung der Motoren verwendet wird.

Die Vorteile liegen vor allem in der Herabsetzung der Verluste in den Anfahrwiderständen und ferner in der Möglichkeit,

---

[1])[2]) Diese Maße wurden nun auch bereits seitens des Normungsausschusses des Vereines Deutscher Straßenbahn- und Kleinbahnverwaltungen angenommen.

Vorteile der Feldschwächung.

rascher fahren zu können als in der gewöhnlichen Reihenstellung, ohne jedoch erst auf die Parallelschaltung schalten zu müssen.

Die Ersparnisse in den Vorschaltwiderständen können am besten aus Abb. 15 ersehen werden. Die Fläche $OABCDEF$ gibt die von den Motoren während eines Fahrtabschnittes aufgenommene Leistung in Kilowatt an. Der Teil unterhalb AB bezieht sich auf die Reihenschaltung, der übrige Teil auf die Parallelschaltung. Die Fläche unterhalb der Punkte $ABCD$ entspricht der Leistung, die während des Anfahrens mit konstantem Maximaldrehmoment und Strom aufgenommen wird, während der übrige Teil der Fläche unterhalb D bis E die Leistung darstellt, die bei weiterem Anlauf mit allmählich sinkendem Drehmoment und Strom nach Abschaltung der Widerstände verbraucht wird. Unter Annahme einer vollkommen stetigen Widerstandsabstufung und unter Vernachlässigung der Verluste im Motor selbst kann die Fläche $OBDEF$ als die abgegebene mechanische Leistung angesehen werden, während die Dreiecke OAB und BCD die in den Anfahrwiderständen verzehrte elektrische Energie darstellen.

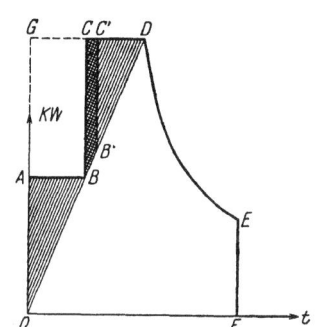

Abb. 15. Herabsetzung der Anfahrverluste durch die Feldschwächung in der Reihenstellung.

Würden die Motoren statt in Reihen-Nebeneinanderschaltung bloß in Nebeneinanderschaltung angelassen werden, dann würden die Verluste in den Vorschaltwiderständen durch die Fläche OGD dargestellt werden, also ungefähr den doppelten Betrag erreichen, wie bei der jetzt allgemein üblichen Reihen-Parallelschaltung.

Wünschenswert ist es, um die Wirtschaftlichkeit des Anfahrens zu erhöhen, die Verlustdreiecke OAB und BCD zu verkleinern. Dies läßt sich bei dem Dreieck BCD durch Verwendung der Feldschwächung in der Reihenschaltung der Motoren erreichen. Das Dreieck OAB bleibt gegen früher unverändert, während das Dreieck BCD auf die Fläche $B'C'D$ zusammenschrumpft. Die Strecke BB' (Feldschwächungsstufe) wird ohne Verluste in den Anfahrwiderständen gefahren. Die doppelt

18 Vorteile der Feldschwächung.

gestrichelte Fläche $BB'CC'$ stellt dann die Ersparnisse an Leistungsverbrauch dar.

Zur Erläuterung, wie zweckmäßig unter Umständen die Feldschwächung in der Reihenstellung der Motoren auf die Herabsetzung des Stromverbrauches und Verringerung der Beanspruchung der Motoren ist, sind in Abb. 16—18 Fahrdiagramme für

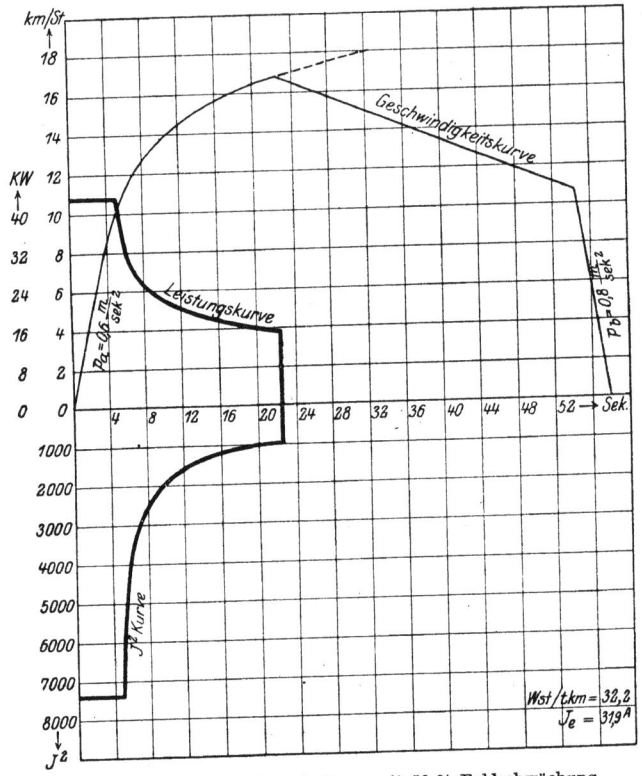

Abb. 16. Fahrt in Reihenschaltung mit 50 % Feldschwächung.

einen aus der Praxis entnommenen Fall aus einem innerstädtischen Betriebe wiedergegeben. Die mittlere Haltestellenentfernung betrug 200 m, die mittlere Reisegeschwindigkeit bei 10 Sek. mittlerer Haltezeit an den Haltestellen rund 10,5 km/St. Die Wagen waren ausgerüstet mit zwei Motoren von ca. 30 kW/St., Übersetzung 1 : 5, Zuggewicht 25 t, Raddurchmesser 800 mm. In Abb. 16 sind die Fahrverhältnisse für Reihenschaltung und

50% Feldschwächung zu ersehen. Die Anfahrbeschleunigung betrug 0,6, die Bremsverzögerung 0,8 m/Sek² die Stromzeit 22,6 Sek., die Auslaufzeit 31,6 Sek., die Bremszeit 3,8 Sek. Der Leistungsverbrauch war 32,2 Wst/tkm bei einem mittleren quadratischen Strom von 31,9 Ampere.

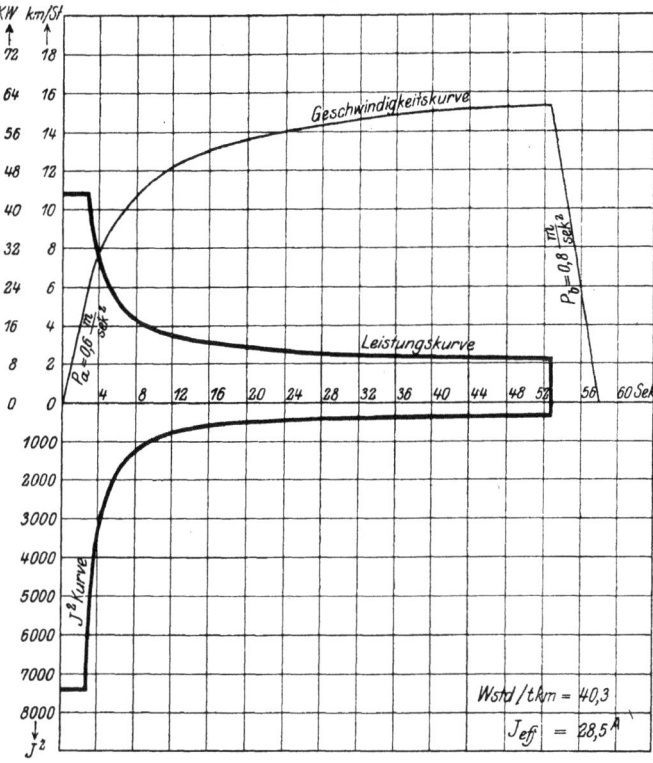

Abb. 17. Fahrt in Reihenschaltung mit vollem Feld.

Würde man im vorliegenden Falle gemäß Abb. 17 die gleiche Strecke in Reihenschaltung ohne Feldschwächung fahren wollen, so würde es, bei der gleichen Anfahrbeschleunigung und Bremsverzögerung wie früher, gerade nur möglich sein, die gewünschte Reisegeschwindigkeit von 10,5 km/St. durch unmittelbares Heranfahren unter Strom bis an die Haltestelle einzuhalten. Die einzelnen Zeiten wären dann wie folgt: Stromzeit 52,6 Sek., Auslaufzeit keine, Bremszeit 5,4 Sek. Der Stromverbrauch ist jedoch dann wesentlich höher; er beträgt 40,3 Wst/tkm bei einem mittleren quadratischen Strom von 28,5 Ampere. Der erhöhte Stromverbrauch ist vor allem auf die unwirtschaftlich lange Stromzeit von 52,6 Sek. auf 58 Sek. Gesamtfahrzeit zurückzuführen. Durch

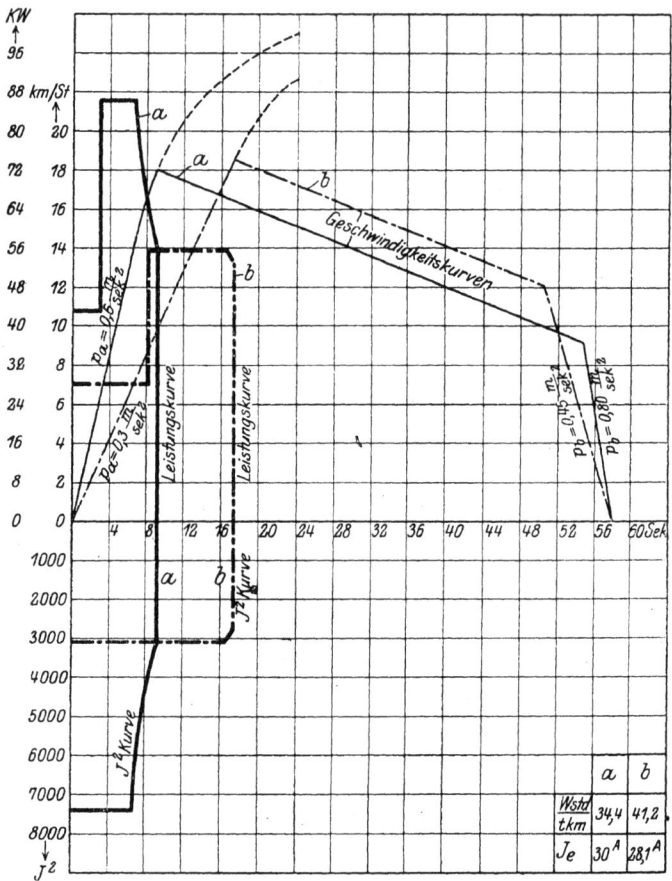

Abb. 18. Fahrt in Nebeneinanderschaltung mit vollem Feld.

erhöhte Anfahrbeschleunigung könnte zwar der Leistungsverbrauch etwas verringert werden, doch würde der quadratische Strom, also die Erwärmung der Motoren ungünstig beeinflußt werden.

Würde man andererseits, um die 200 m Haltestellen-Entfernung zurückzulegen, bis auf die Nebeneinanderschaltung der Motoren gehen, so würde, wie die Abb. 18, Kurve a, zeigt, bei der gleichen

Vorteile der Feldschwächung. 21

Anfahrbeschleunigung und Bremsverzögerung wie früher die Stromzeit sein: 9,2 Sek., die Auslaufzeit 54,6 Sek., der Leistungsverbrauch 34,4 Wst/tkm, der mittlere quadratische Strom 30 Ampere. Es wird wohl kaum anzunehmen sein, daß ein Fahrer in der angegebenen Weise mit so langer Auslaufzeit fahren wird; er wird vielmehr **langsamer** schalten, also länger auf den Widerstandsstufen verweilen und dadurch die Strecke, wie in Abb. 18, Kurve b, angegeben, mit **geringerer Anfahrbeschleunigung und Bremsverzögerung** zurücklegen. Hierbei steigt jedoch der Leistungsverbrauch, falls die Anfahrbeschleunigung auf 0,2 und die Bremsverzögerung auf 0,45 m/Sek² zurückgeht, von 34,4 auf 40,2 Wst/tkm.

Die bei der **Großen Berliner Straßenbahn** durchgeführten Versuche, zeigten sogar wie es unter Umständen vorteilhaft sein kann bei Wagen, die nur im innerstädtischen Betrieb verkehren, die **Feldschwächung bloß in der Reihenschaltung** der Motoren vorzusehen und sie dafür dann hier um so stärker zu wählen.

Verstärktes Feld. Ebenso wie bei gegebenen Bahnverhältnissen eine Herabsetzung des Ankerstromes durch Vergrößerung der Übersetzung möglich ist, kann auch gemäß der Grundbeziehung:

Zugkraft = Feldstärke · Ankerstrom · Konstante

der Strom bei gleichbleibender Anfahrbeschleunigung durch Erhöhung der Feldstärke verringert werden. Die erforderliche Höchstgeschwindigkeit wird dann durch entsprechend starke Schwächung des Feldes erzielt werden können.

Die hierbei sich ergebenden Ersparnisse in den Verlusten in den Anfahrwiderständen sind aus Abb. 19 zu ersehen. Die Fläche $OABCDEF$ stellt wieder die während eines Fahrtabschnittes von den Motoren aufgenommene Leistung in kW dar. Die beiden einfach schraffierten Dreiecke OAB und BCD geben die Verluste in den Widerständen sowohl in der Reihen- wie in der Nebeneinanderschaltung beim Anfahren der Motoren mit vollem Felde wieder.

Wird nun das Feld verstärkt, so sinkt der Ankerstrom und hierdurch auch die aufgenommene elektrische Leistung in kW. Es wird dann nicht mehr beim Anfahren in der Reihenschaltung eine Leistung verbraucht, die durch die Fläche unter AB gegeben ist, sondern eine Leistung, die der kleineren Fläche unterhalb $A'B$

entspricht. Der Unterschied zwischen beiden Flächen $AA'B'B$ ist in Abb. 19 doppelt schraffiert dargestellt und gibt den Leistungsgewinn durch die Feldverstärkung bei Reihenschaltung wieder.

In der Nebeneinanderschaltung der Motoren sinkt ebenfalls infolge der Verringerung des Anfahrstromes die aufgenommene Leistung. Die doppelschraffierte Fläche $CC'D'D$ gibt auch hier die gewonnene Leistung wieder.

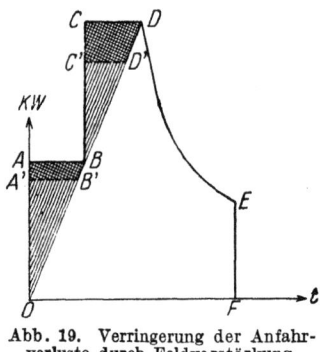

Abb. 19. Verringerung der Anfahrverluste durch Feldverstärkung.

Die Verstärkung des Feldes kann entweder durch verschiedenes Zusammenschalten der Feldspulen und Feldspulenteile erfolgen oder vor allem durch Vermehrung der Windungen auf den Polen. Letztere Regelungsart wurde der großen Einfachheit wegen bisher bevorzugt. Rein theoretisch wäre es auf Grund der oben angeführten Formel für die Zugkraft zweckmäßig, das Feld möglichst stark zu wählen. Praktisch sind jedoch Grenzen gegeben. Diese sind:

1. Der Sättigungsgrad der Maschine.
2. Der beschränkte Platz in den Motorgehäusen.
3. Die Erwärmung der Spulen und der ungünstige Wirkungsgrad der Motoren.

Die Sättigung der Maschine ist am deutlichsten aus der Leerlaufcharakteristik zu ersehen (Abb. 20). Um diese Kurve zu erhalten, wird der Motor im Prüffelde als Dynamo bei einer bestimmten Drehzahl angetrieben, wobei der Strom in der Feldwicklung vermittels eines Regelungswiderstandes langsam erhöht wird. Die gemessenen Erregerstromstärken sind auf der Abszissenachse, die jeweiligen Spannungen an den Bürsten auf der Ordinatenachse aufgetragen. Die Kurve verläuft im ersten Teil ziemlich geradlinig, so daß eine Erhöhung der Erregerstromstärke eine ungefähr proportionale Erhöhung der erzeugten Spannung hervorrufen wird. Die Kurve flacht jedoch im weiteren Verlauf immer mehr ab, um dann schließlich nahezu parallel zur Abszissenachse zu verlaufen. In diesem Zustande, in dem trotz starker Zunahme der Erregerstromstärke nur eine ganz unwesentliche Er-

Vorteile der Feldschwächung.

höhung der Spannung hervorgerufen wird, heißt die Maschine gesättigt. Statt der Erregerstromstärke können auch die wirksamen Amperewindungen (Produkt aus Ankerstrom und Feldwindungen) auf der Abszissenachse aufgetragen werden, statt der erzeugten Spannung auch die ihr proportionale Feldstärke bzw. die Zugkraft bei konstantem Ankerstrom.

Jede Maschine arbeitet nun bei einem bestimmten Sättigungsgrade; je nachdem dieser Arbeitsbereich der Maschine höher oder tiefer auf der Kurve liegt, wird es möglich sein, durch Aufwicklung einer größeren oder geringeren Anzahl Windungen auf den Polen eine entsprechende Steigerung der Zugkraft hervorzurufen. Wie

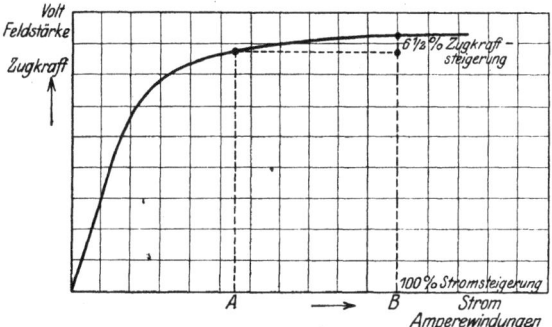

Abb. 20. Leerlaufcharakteristik.

aus der Abb. 20 ersichtlich, wird beispielsweise, falls die Maschine mit einem Sättigungsgrade bei A arbeitet, eine 100 proz. Vermehrung der Feldwindungen bis B, allerdings nur eine 6,5 proz. Erhöhung der Zugkraft hervorrufen.

Wendepolmotoren sind bekanntlich schwächer gesättigt als Motoren ohne Wendepole; bei ihnen wird daher eine Verstärkung des Feldes durch Aufwicklung von Windungen leichter möglich sein.

Infolge der gedrängten Bauart von Bahnmotoren sind die Außenabmessungen der Feldspulen an ein bestimmtes Maß gebunden. Diese Abmessungen dürfen im allgemeinen auch bei Hinzuwickeln von Windungen nicht überschritten werden, da sonst leicht Berührung und Durchschlagen benachbarter Spulen eintritt. Um jedoch trotzdem eine größere Anzahl Windungen auf den Polen unterbringen zu können, muß der Querschnitt der Wicklung entsprechend verringert werden. Geringerer Querschnitt bedeutet jedoch größere Beanspruchung und Erwärmung der Spulen, gleichzeitig jedoch auch infolge des größeren Ohm'schen Widerstandes Erhöhung der Verluste in den Feldspulen und Herabsetzung des Wirkungsgrades der Maschine.

Die zulässige Erwärmung der Feldspulen wird durch die Vorschriften des V. D. E. bestimmt, wonach die Erwärmung der Feldwicklung nach einstündigem Lauf im Prüffelde bei Bahnmotoren eine Übertemperatur von 80° C nicht überschreiten darf. Wird nun das Feld verstärkt durch Vermehrung der Windungszahlen unter gleichzeitiger Verringerung ihres Querschnittes, so kann infolge der höheren Erwärmung der Feldspulen die ursprüngliche Nennleistung des Motors nicht eingehalten werden. In diesem Falle wird daher die tatsächliche Stundenleistung des Motors nicht wie üblich bei Lauf im Prüffelde ohne Feldschwächung ermittelt, sondern bei einer Feldschwächung, die die durch Vermehrung der Amperewindungen erfolgte Verstärkung des Feldes aufhebt.

Wie die Erfahrung lehrt, beträgt die Strombeanspruchung der Feldspulen bei normalem Lauf im Prüffelde, falls die Temperaturgrenzen des V. D. E. nicht überschritten werden sollen, bei normalem Felde etwa 1,8 bis 2,2 Amp./mm², bei verstärktem Felde ohne Feldschwächung dann rund 2,5 bis 2,8 Amp./mm². Letztere Zahl ist ein Erfahrungswert, der bei der Wahl der Feldverstärkung zweckmäßig nicht überschritten werden soll. Wird der Querschnitt noch geringer gewählt, bzw. die Windungszahl noch weiter erhöht, so steigt nicht nur die Erwärmung der Feldspulen, sondern es tritt vor allem auch eine Erhöhung der Verluste ein. Der Wirkungsgrad der Maschine wird dann immer ungünstiger, so daß der Vorteil, der durch die stärkere Zugkraft hervorgerufen wurde, durch die Verringerung des Wirkungsgrades wieder aufgehoben wird. Außerdem liegt die Gefahr vor, daß, falls versehentlich längere Zeit auf den Anfahrstellungen gefahren wird, die Feldspulen tatsächlich überlastet werden und durchbrennen. Die übliche Feldverstärkung dürfte, ausgedrückt durch den Feldschwächungsgrad bei Stundenleistung, den Wert von:

$$\frac{\text{Feldstrom}}{\text{Ankerstrom}} = 0{,}65$$

nicht übersteigen.

Vorteile der Feldschwächung. 25

Die Feldverstärkung wurde in vielen Betrieben viele Jahre hindurch verwendet; es zeigte sich jedoch im Laufe der Zeit, daß solche Motoren beim elektrischen Bremsen infolge der erhöhten Sättigung und der dadurch bewirkten höheren Bremsspannungen leicht zu Überschlägen an den Kollektoren neigten. Dies hängt natürlich ganz von der Auslegung der Motoren ab und auch von der Drehzahl, bei der die Bremsung einsetzt. Immerhin hat sich diese Erscheinung der Überschläge in vielen Betrieben unangenehm bemerkbar gemacht, so daß besondere Mittel zu ihrer Vermeidung

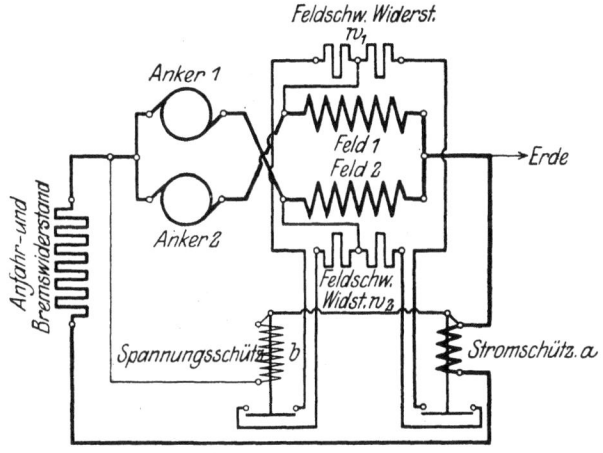

Abb. 21. Sicherheits-Bremsschaltung.

angewendet werden mußten. So wurden vielfach beim Bremsen die Felder geschwächt, und zwar entweder auf allen Bremsstufen oder nur auf einem Teil der Stufen. Eine solche Feldschwächung beim Bremsen hat sich jedoch im allgemeinen wenig bewährt, da sich die Motoren häufig ungleich und verspätet erregten. Es wurden dann zur Verbesserung der Bremsverhältnisse sog. Bremsrelais verwendet, das sind elektromagnetische Schütze, die die Feldschwächung erst dann einschalten, wenn der Ankerstrom ein bestimmtes Maß überschritten hat. Eine Anordnung, die dem Verfasser unter D. R. P. 293 649 geschützt wurde, ist in Abb. 21 ersichtlich. Bei dieser Schaltung wird der Feldstrom nicht nur in Abhängigkeit vom Ankerstrom, der im allgemeinen erst auf der letzten Bremsstufe eine größere Stärke annimmt, geregelt (durch Schütz a), sondern vor allem auch in Abhängigkeit von der Ankerspannung, die auf den ersten Bremsstufen besonders gefährlich werden kann (durch Schütz b). Wird aus irgendeinem Grunde zu rasch über alle Bremsstufen geschaltet, so springen beide in der Abb. 21 angegebenen Schütze a und b an und schwächen das Feld in noch stärkerem Maße. Die erwähnte Anordnung hat sich besonders bei Überlandbahnen gut bewährt. Im Straßenbahnbetrieb ist jedoch möglichste Vermeidung zusätzlicher Apparate wünschenswert.

Aus diesem Grunde kam auch die Feldverstärkung in den letzten Jahren immer seltener in Verwendung. Man beschränkte sich lediglich darauf, die Motoren bereits beim Bau derart reichlich auszulegen, daß sie ohne Überbeanspruchung der Feldwindungen ein ausreichend starkes Feld hatten.

Nachteile der Feldschwächung und deren Vermeidung.

Die Möglichkeit, durch die Feldschwächung Vorteile für den Betrieb zu erzielen, wurde bereits zu Beginn des Baues elektrischer Bahnen erkannt. Im Laufe der Jahre stellten sich jedoch bei Verwendung der Feldschwächung Unzuträglichkeiten heraus, deren Ursache nicht immer richtig erkannt wurde. Hierdurch fand die Feldschwächung häufig bei Fällen Verwendung, wo sie tatsächlich nicht am Platze war, während sie andererseits dort fortgelassen wurde, wo sie große Vorteile gebracht hätte.

In den folgenden Ausführungen sollen nun die aufgetretenen Schwierigkeiten kritisch betrachtet und Mittel und Wege angegeben werden, um ihrer Herr zu werden.

a) Verschlechterung der Kommutierung.

Zur Erzielung eines funkenfreien Ganges von Gleichstrommaschinen ist es erforderlich, daß die Spannung in den von den Kollektorbürsten jeweils kurz geschlossenen Ankerwindungen (Stromwendespannung) möglichst niedrig gehalten wird. Diese Spannung hängt vor allem ab von der Größe des Ankerstromes und kann um so niedriger gehalten werden, je stärker das Magnetfeld gewählt wird. Aus diesem Grunde wurden auch Motoren ohne Wendepole stets mit sehr starkem Feld versehen, also in ihrem wirksamen Eisen hoch gesättigt.

Nachteile der Feldschwächung und deren Vermeidung. 27

Bei Schwächung des Feldes wird nun naturgemäß die Größe der schädlichen Stromwendespannung ungünstig beeinflußt. Der Ankerstrom wird bei gleichbleibendem äußeren Drehmoment größer werden. Durch die Verwendung von Wendepolen, die ebenfalls in Abhängigkeit vom Ankerstrom erregt werden, wird eine der Bürstenspannung entgegengesetzt wirkende Spannung erzeugt, wodurch das Feuern an den Bürsten herabgemindert bzw. vollkommen vermieden werden kann. Aus diesem Grunde werden sich Motoren mit Wendepolen für die Feldschwächung im allgemeinen gut eignen, während andererseits Motoren ohne Wendepole zweckmäßig ohne Feldschwächung zu verwenden sind.

Neben der Verschlechterung der Kommutierung durch die vergrößerte Stromwendespannung tritt bei Schwächung des Feldes auch eine größere Empfindlichkeit der Maschine auf plötzliche Stromschwankungen ein, so daß dann leichter Feuern und Überschläge zwischen den Bürsten auftreten werden.

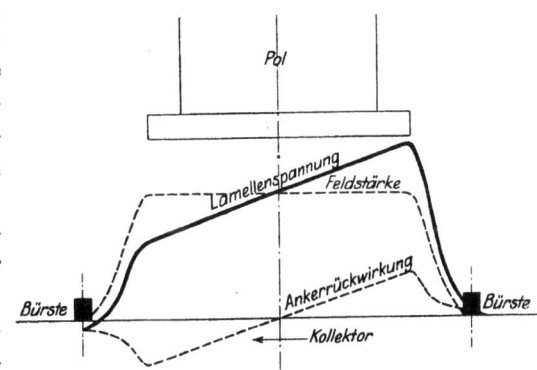

Abb. 22. Kurve der Lamellenspannung bei belasteter Maschine.

Bekanntlich verteilt sich die den Bürsten zugeführte Spannung nicht gleichmäßig auf die einzelnen Lamellen. Die mittlere Lamellenspannung einer Maschine ist zwar gegeben durch den Quotienten zwischen zugeführter Spannung und Anzahl Lamellen zwischen zwei benachbarten Bürstensätzen (also bei 500 Volt Betriebsspannung und 200 Lamellen z. B. bei 4 Polen $= \dfrac{500 \cdot 4}{200}$ $= 10$ Volt).

Die tatsächliche Spannung zwischen den Lamellen ist jedoch je nach der Stellung des Kollektors außerordentlich verschieden. In Abb. 22 ist die Kurve der tatsächlichen Lamellenspannung wiedergegeben. Auf der Ordinatenachse sind die jeweiligen Spannungswerte zwischen benachbarten Lamellen aufgetragen. Diese

Kurve ergibt sich durch Überlagerung der Kurve für die Ankerrückwirkung mit der Kurve für die Feldstärke. Je mehr die Ankerrückwirkung die Feldstärke überwiegt, d. h. je größer der Ankerstrom im Vergleich zum Feldstrom ist, desto mehr wird die tatsächliche Lamellen-Spannungskurve verzerrt werden. Sie kann unter Umständen Spitzen erreichen, die das doppelte und dreifache der mittleren Lamellenspannung betragen, und gerade an diesen Stellen der höchsten Lamellenspannung werden die Überschläge eingeleitet.

Wie die Versuche ergeben haben, treten Überschläge zwischen Lamellen auf, wenn die Spannung zwischen den Lamellen über 40 Volt steigt. Bei sauberem Kollektor wird diese Grenzspannung unter Umständen noch etwas höher liegen, ist aber der Kollektor, wie dies besonders nach längerer Betriebszeit der Fall ist, durch Kohlenstaub o. dgl. verunreinigt, so wird der Überschlag häufig schon bei 30—35 Volt einsetzen.

Motoren dürfen daher auch nicht für zu hohe Lamellenspannung, d. h. also mit zu geringer Zahl Lamellen gebaut werden. Bei 20 Volt mittlerer Lamellenspannung (das sind bei 500 Volt 100 Lamellen pro Kollektor) treten bereits höchste Lamellenspannungen auf, die bis an die oben angegebenen Überschlagsgrenzen heranreichen. Über 20 Volt mittlerer Spannung sollte man daher niemals gehen. Zweckmäßig ist es jedoch stets, noch wesentlich darunter zu bleiben, doch wird auch hier praktisch nach abwärts eine Grenze gelegt dadurch, daß bei zu großer Anzahl Lamellen die Herstellung der Wicklungsanschlüsse am Kollektor infolge zu schmaler Lamellenbreite Schwierigkeiten bereitet. Für Straßenbahnen für eine Betriebsspannung von 500—600 Volt wird im allgemeinen eine Lamellenzahl von 150—180 am zweckentsprechendsten sein.

b) Schädliche Stromstöße bei Abschlagen der Stromabnehmer.

Bei Fahrt mit hoher Geschwindigkeit tritt häufig ein Abschlagen des Stromabnehmers von der Oberleitung auf. Abgesehen von der hierbei auftretenden Funkenerscheinung an der Berührungsstelle am Fahrdraht, die eine frühzeitige Zerstörung sowohl der Oberleitung wie des Schleifstückes bzw. der Kontaktrolle hervorruft, können bei Motoren mit Feldschwächung auch noch Kommutierungsschwierigkeiten an den Motoren entstehen. Die Ursache ergibt sich aus der Betrachtung der Abb. 23. Bei normaler

Nachteile der Feldschwächung und deren Vermeidung. 29

Fahrt fließt der Strom von der Oberleitung durch den Stromabnehmer t, den Anker a und gelangt dann, teilweise durch das Feld f und teilweise durch den parallel geschalteten Widerstand w an Erde. Bei Abklappen des Bügels wird nun der Strom im Anker a, im Feld f sowie im Widerstand w sofort verschwinden; der Magnetismus im Feld jedoch erst innerhalb einer gewissen Zeit, die jedoch im allgemeinen nur einen Bruchteil einer Sekunde betragen wird.

Beim unmittelbar hierauf wieder folgenden Anschlagen des Stromabnehmers an die Leitung wird der Strom im allerersten Augenblick den in Abb. 23 stark gezeichneten Weg unmittelbar durch den Anker und den Feldschwächungswiderstand nach Erde finden. Die Feldwicklung wirkt hierbei gegen das Eindringen des Stromes und der neuerlichen Entwicklung eines Magnetfeldes hemmend. Erst nach einem bestimmten, wenn auch sehr geringen Zeitraum werden der Strom im Felde und ebenso auch die Feldstärke wieder in gleichmäßiger Höhe auftreten wie vor dem Abklappen des Stromabnehmers.

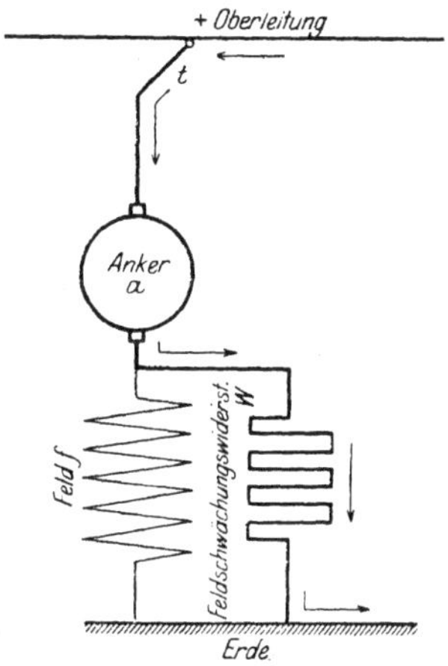

Abb. 23. Stromverteilung beim Anschlagen des abgeklappten Stromabnehmers.

Durch diesen Vorgang der verzögerten Magnetisierung der Feldpole wird der Anker im ersten Augenblick des Wiedereintretens des Stromes gewissermaßen ohne Feld an Spannung liegen. Die natürliche Folge davon ist dann ein starkes Feuern bzw. Überschlagen am Kollektor.

Die Dauer der Stromunterbrechung wird natürlich von großem Einfluß auf die Stärke des Bürstenfeuers sein. Zwecks Untersuchung dieser Vorgänge wurden im Prüffelde der AEG diesbezüglich eingehende Versuche durchgeführt. Die Untersuchungen wurden derart durchgeführt, daß bei einem Motor von 30 kW Stundenleistung und 550 Volt Spanung der Strom auf längere oder kürzere Zeit ausgeschaltet wurde. Sie fanden für verschiedene Feldschwächungsgrade und Stromstärken statt, wobei die jeweilige Größe der auftretenden Funken an den Bürsten nach ihrer Länge in Zentimeter vermerkt wurde.

30 Nachteile der Feldschwächung und deren Vermeidung.

In Abb. 24 ist auf der Abszissenachse die Unterbrechungszeit in Sekunden angegeben, auf der Ordinatenachse ist die Länge der Funken aufgetragen. Die einzelnen Kurven, die bei gleichbleibender Spannung und Strom aufgenommen wurden, zeigen, in welchem Maße das Feuern an den Bürsten mit abnehmender Feldschwächung zunimmt. In der erwähnten Abbildung ist auch strichliniiert die Kurve der Überschlagsgrenze eingezeichnet. Aus dem Schnittpunkte zwischen dieser Kurve mit den übrigen ergibt sich der Augenblick des Eintritts des Überschlages zwischen den Bürsten.

Demnach tritt bei 40% Feldschwächung ein Überschlag nach etwa 1,5 Sekunden Unterbrechungszeit ein. Bei 50% Feldschwä-

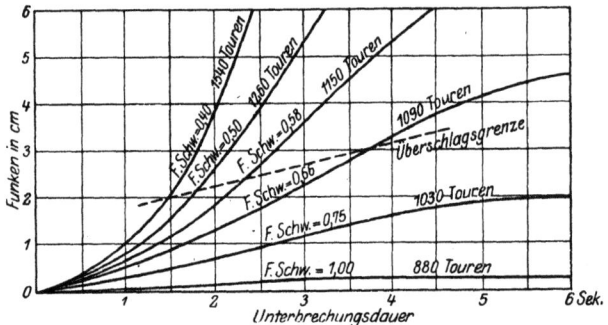

Abb. 24. Funkenlänge in Abhängigkeit von der Unterbrechungsdauer.

chung nach 3,7 Sekunden. Nimmt der Feldstrom im Vergleich zum Ankerstrom noch weiter zu, so rückt die Überschlagsgrenze immer weiter hinaus, so daß bei etwa 80% Feldschwächung ein Überschlag kaum mehr zu befürchten ist.

Bei verunreinigtem Kollektor liegen die Verhältnisse natürlich entsprechend ungünstiger.

Aus den angeführten Versuchen ergibt sich, daß vor allem darauf gesehen werden muß, daß die Stromunterbrechungen von möglichst kurzer Dauer sind. Neben einer sorgfältigen Aufhängung der Oberleitung ist es wichtig, den Stromabnehmer derart zu gestalten, daß er den Schwankungen und Stößen des Fahrdrahtes leicht folgen kann. Besonders gut hat sich in dieser Beziehung der dem Verfasser unter D. R. G. M. 698 559 geschützte Bügelstromabnehmer mit gefedertem Oberteil bewährt. Zur Verbesserung der Berührung mit dem Fahrdraht wurden auch verschiedentlich

Nachteile der Feldschwächung und deren Vermeidung. 31

doppelte Stromabnehmer verwendet, so daß bei Abklappen des einen Bügels der andere noch Berührung mit der Oberleitung hatte. Da jedoch die Verwendung von zwei Stromabnehmern besonders für innerstädtische Betriebe verhältnismäßig kostspielig ist und dabei der beabsichtigte Zweck doch nicht immer ganz erreicht wird, so ist auch diese Lösung, ebenso wie die Verwendung besonderer Scherenstromabnehmer im allgemeinen weniger erfolgversprechend.

Ein weiteres Mittel, um die Gefahr der Überschläge herabzusetzen, wäre, die Größe der Feldschwächung nicht übermäßig hoch zu wählen. Es wird daher bereits bei der Vorausberechnung der Anlagen von Wichtigkeit sein, nur den Feldschwächungsgrad vorzuschreiben, der unbedingt erforderlich ist und nicht ohne triftigen Grund darüber hinauszugehen. Bei ausgeführten Bahnen lassen sich auch noch zuweilen, insbesondere wenn der vorhandene Fahrplan genügend reichlich bemessen ist, zweckmäßige Änderungen durchführen. So konnte z. B. der Verfasser nachträglich bei einzelnen Bahnen, die er zu untersuchen Gelegenheit hatte, auf Grund von Versuchen in einfacher Weise entstandene Kommutierungsschwierigkeiten durch Vergrößerung des Feldschwächungsgrades, ohne Verschlechterung des Leistungsverbrauches glatt beseitigen.

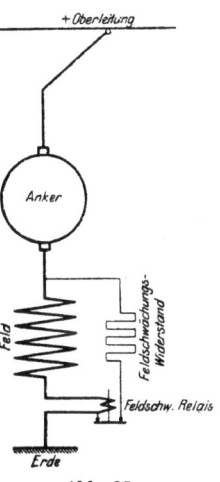

Abb. 25.
Feldschwächungsrelais.

Ein weiteres Mittel, um die Unzuträglichkeiten durch Tanzen der Bügel zu vermeiden, ist die Verwendung von Feldschwächungsrelais (Abb. 25), das sind elektromagnetische Schütze, die bei Ausbleiben des Stromes die Leitung zu den Feldschwächungswiderständen unterbrechen, so daß dann im Augenblick des Wiederauftretens des Stromes die Motoren mit vollem Felde an Spannung liegen. Die Feldschwächungswiderstände werden infolge der Trägheit im Ansprechen des Relais erst nachhinkend wieder eingeschaltet. Dieses Mittel hat sich bei einer Reihe von Bahnen gut bewährt, hat jedoch den Nachteil, daß ein empfindlicher Apparat mehr im Wagen erforderlich ist, der unter Umständen versagen kann.

Ein weiteres Mittel, um die Nachteile durch das Abklappen des Stromabnehmers zu vermeiden, ist die Feldschwächung durch verschiedenes Zusammenschalten und Unterteilung der Spulen statt durch Ableitung des Feldstromes in einen paralell geschalteten Widerstand (s. Abb. 2—7). Hierdurch werden jedoch im allgemeinen die Feldspulen größer, wodurch dann meistens auch ein größeres Motorgehäuse erforderlich wird. Außerdem sind mehr innere Verbindungsleitungen im Motor und Kontakte am Fahrschalter erforderlich. Eine später etwa gewünschte Änderung des Feldschwächungsgrades zwecks Steigerung der Fahrgeschwindigkeit ist auch nicht möglich. Für Straßenbahnen ist größte Einfachheit in der Bauart der Motoren am Platze. Das erwähnte Mittel wird vor allem daher nur in Vorort- und Überlandbahnen-Betrieben zweckmäßig erscheinen.

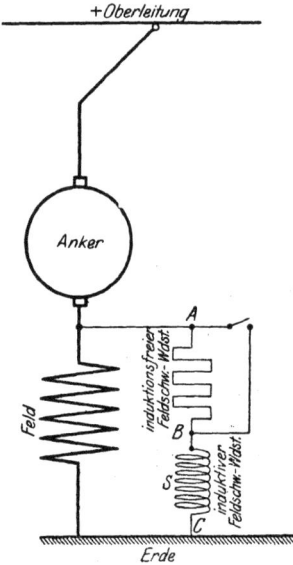

Abb. 26. Schaltung von halbinduktiven Feldschwächungswiderständen.

Das wirksamste Mittel zur Vermeidung der Kommutierungsschwierigkeiten durch Bügeltanzen ist bei Straßenbahnen die Verwendung induktiver Feldschwächungswiderstände[1]). Solche induktiven Feldschwächungswiderstände bestehen im wesentlichen aus einer um einen Eisenkern gebetteten Spule, deren Selbstinduktion zweckmäßig etwas größer gewählt wird als die Selbstinduktion der Feldspulen, deren Strom geschwächt werden soll.

Bei einem Feldschwächungsgrad von mehr als 60% (60% Feldstrom) empfiehlt es sich im allgemeinen, das Feld zwecks Vermeidung heftiger Stromstöße im Anker in zwei Stufen zu schwächen. In diesem Falle kann der Feldschwächungswiderstand halb induktiv ausgebildet werden (Abb. 26). Er besteht dann aus der erwähnten Spule s, zu der ein gewöhnlicher induktionsfreier Widerstand w in Reihe geschaltet ist. Auf der ersten Feldregelungsstufe, die meistens auch nur kurzzeitig zum Fahren verwendet wird, ist der gesamte Widerstand zum Felde parallel

---

[1]) L. Adler, Induktive Feldschwächungswiderstände für Straßenbahnmotoren. — E. T. Z. 1916, Heft 48, S. 652.

Nachteile der Feldschwächung und deren Vermeidung. 33

geschaltet, während auf der letzten Feldregelungsstufe, der eigentlichen Dauerstufe, nur der induktive Widerstand eingeschaltet ist.

Durch diese halbinduktive Bauart der Feldschwächungswiderstände ist es möglich, bei praktisch gleich guter Wirkung die Spule wesentlich kleiner bemessen zu können, so daß der gesamte Regelungswiderstand leichter und billiger ausfallen wird als in der vollkommen induktiven Ausführung. In Abb. 27 ist ein solcher glockenförmiger Feldregelungswiderstand, wie er beispiels-

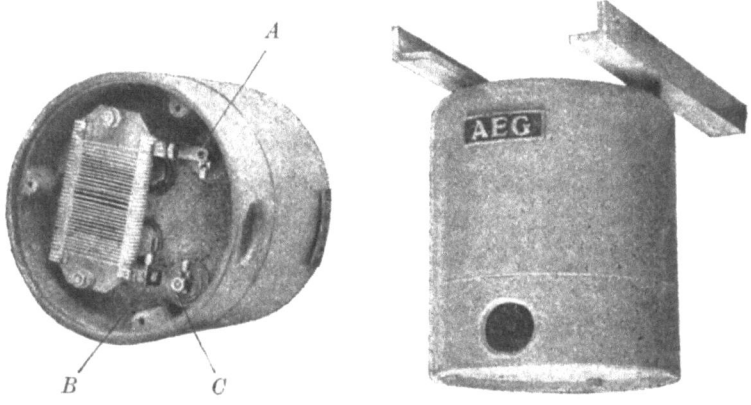

Abb. 27. Halbinduktive Widerstände.

weise bei der Hamburger Hochbahn in Verwendung ist, wiedergegeben. Auf der unteren Seite des Widerstandskastens ist bei abgeschraubtem Schutzblech die Anordnung des zusätzlichen induktionsfreien Widerstandes aus gewöhnlichem Nickelinband ganz deutlich ersichtlich. Die um den Eisenkern gebettete Widerstandsspule ist in der obigen Abbildung nicht sichtbar. Sie ist jederzeit von außen gut zugänglich, und zwar durch Abschrauben der unteren Gehäusehälfte. Die Anschlußklemmen sind mit A, B und C bezeichnet. A ist der Anfang des induktionsfreien Widerstandes, B das Ende des induktionsfreien bzw. der Anfang des induktiven Widerstandes und schließlich C das Ende dieses induktiven Widerstandes. Die Anschlußkabel werden durch die in den Abbildungen ersichtlichen seitlichen Öffnungen aus den Kästen herausgeführt.

Nachteile der Feldschwächung und deren Vermeidung.

In Abb. 28 und 29 sind vergleichsweise oszillographische Aufnahmen wiedergegeben, die mit solchen induktiven Feldschwächungswiderständen bzw. dann mit induktionsfreien Widerständen durchgeführt wurden. Der Feldschwächungsgrad betrug 67%. Wie ersichtlich, wird bei induktiver Feldschwächung der Stromstoß im Anker von 360 auf 240 Ampere und beim Feldschwächungswiderstand von 300 auf 165 Ampere heruntergedrückt.

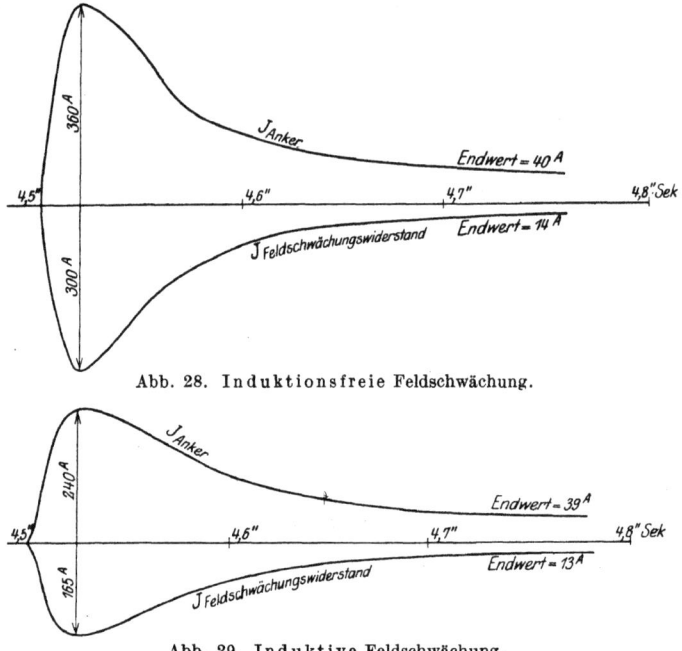

Abb. 28. Induktionsfreie Feldschwächung.

Abb. 29. Induktive Feldschwächung.

Abb. 28 u. 29. Oszillographische Aufnahme der Ströme im Anker und im Feldschwächungswiderstand.

c) Bürstenfeuer bei Kurzschlüssen im Netz.

Bei Fahrt mit Motoren mit Feldschwächung werden bei plötzlich auftretendem Kurzschluß im Netz heftige Stromstöße auftreten, die unter Umständen zu einem Überschlag zwischen den Bürsten führen können.

Die Ursache dieser Erscheinung liegt ebenfalls, wie beim Bügelabklappen, an der Trägheit und Drosselwirkung der Feldspulen. Wie in Abb. 30 ersichtlich, wird im Augenblick des Eintritts des Kurzschlusses k ein starker Stromstoß durch den Anker a

Nachteile der Feldschwächung und deren Vermeidung. 35

und den Feldschwächungswiderstand w erfolgen, während die Feldspulen den plötzlich eintretenden höheren Strom infolge ihrer Drosselwirkung nicht durchlassen. Da bekanntlich auch die besten Selbstausschalter mit einer gewissen Trägheit den Strom unterbrechen, so wird tatsächlich im ersten Augenblick des Kurzschlusses ein ganz wesentlich gesteigerter Strom die Kollektorbürsten durchfließen und starke Feuererscheinungen bzw. Überschläge erzeugen. Bei nicht geschwächten Feldspulen wird naturgemäß der Kurzschlußstrom sich nur langsam entwickeln können, so daß der Selbstausschalter Zeit hat, sich zu erregen und den schädlichen Überstrom zu unterbrechen.

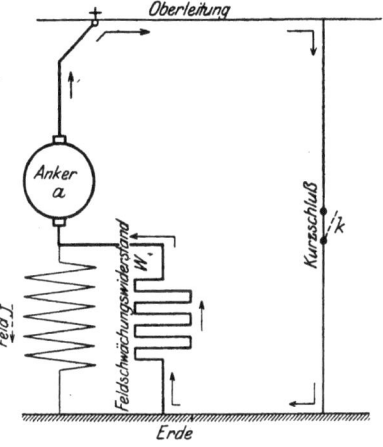

Abb. 30. Stromverteilung bei Kurzschluß im Netz.

Zur näheren Untersuchung der Verhältnisse wurden vom Verfasser bei der Hamburger Hochbahn eingehende Versuche durchgeführt, die dann auch im Prüffelde der AEG unter Verwendung eines Oszillographen fortgesetzt wurden. Bei diesen Versuchen hat sich ebenfalls die außerordentliche Wirksamkeit der Verwendung induktiver Feldschwächungswiderstände ergeben. Infolge ihrer Drosselwirkung, die zweckmäßig noch größer als die der Feldspulen sein muß, kann der Kurzschlußstrom sich nicht so plötzlich entwickeln wie bei den gewöhnlichen induktionsfreien Widerständen, so daß es zu einem Überschlag an den Kollektorbürsten nicht kommen kann.

Während bei den Kurzschlußversuchen bei der Hamburger Hochbahn bei induktionsfreier Feldschwächung etwa der 3,5 fache Wert des normalen Stromes festgestellt werden konnte, wuchs der Strom bei induktiver Feldschwächung nur auf etwa das 1,4 fache seines normalen Wertes an. In Abb. 31 und 32 sind die oszillographischen Aufnahmen abgebildet, die ein klares Bild über den zeitlichen Verlauf der Kurzschlußströme für induktionsfreie und induktive Feldschwächung wiedergeben.

36 Nachteile der Feldschwächung und deren Vermeidung.

Ebenso wie durch induktive Widerstände, wird auch die Feldschwächung durch Unterteilung der Feldspulen den erwähnten Nachteil vermeiden. Feldschwächungsrelais sowie Vermehrung der Stromabnehmer und ähnliche Mittel, die bei Stromunterbrechungen bei Fahrt den Motor schützen, sind bei Kurzschlüssen im Netz wirkungslos.

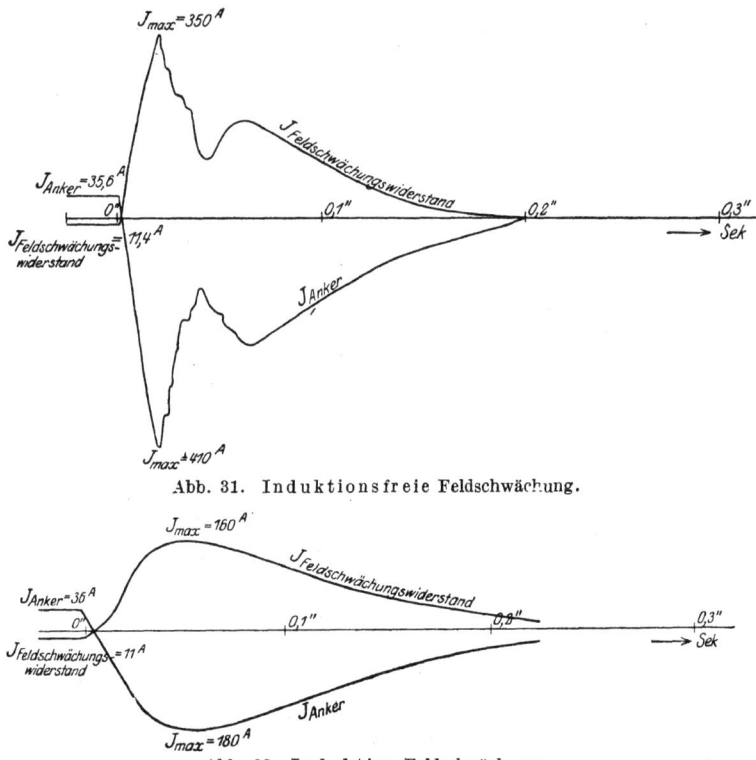

Abb. 31. Induktionsfreie Feldschwächung.

Abb. 32. Induktive Feldschwächung.
Abb. 31 u. 32. Oszillographische Aufnahme der Ströme im Anker und im Feldschwächungswiderstand.

d) Überlastung der Motoren bei verschalteten und beschädigten Feldschwächungs-Widerständen.

Wenn auch diese Nachteile nur in mittelbarem Zusammenhang mit der Feldschwächung stehen, dürfen sie dennoch bei Betrachtung der Nachteile durch die Feldschwächung nicht unerwähnt bleiben. Wie die Erfahrung zur Genüge gelehrt hat, kommt es bei den verschiedensten Betrieben häufig genug vor,

Nachteile der Feldschwächung und deren Vermeidung. 37

daß die Feldschwächungswiderstände entweder ganz oder teilweise verschaltet angeschlossen wurden. Die Widerstände bestehen im allgemeinen aus zwei ungleichen Teilen, von denen meistens der kleinere Teil auf der letzten Feldschwächungsstufe allein zum Felde parallel geschaltet ist. Wenn nun beim Anschluß versehentlich Anfang und Ende der Widerstände miteinander vertauscht werden, dann kann es vorkommen, daß bei dem einen Motor der größere Teil, bei dem anderen Motor der kleinere Teil des Widerstandes zum Felde parallel geschaltet ist, so daß dann die Feldschwächung bei den beiden nebeneinander geschalteten Motoren eine ungleiche wird.

Ungleiche Feldschwächung der Motoren bedeutet aber, daß der stärker geschwächte Motor eine höhere Drehzahl annehmen will. Da er dies infolge der starren Kupplung der Räder durch die Schienen nicht kann, wird er sich höher belasten als der andere, weniger geschwächte Motor.

Dem Verfasser sind solche Verschaltungen oft bei der Untersuchung von Anlagen begegnet. Häufig kam es auch vor, daß Anfang und Ende der Widerstände überhaupt miteinander kurzgeschlossen waren. Hierdurch wurde das Feld des betreffenden Motors entweder gar nicht geschwächt oder durch Kurzschluß fast vollkommen aufgehoben. Schwere Beschädigungen waren dann die Folge.

Außer solchen Fällen der Verschaltung im Anschluß der Widerstände kann es auch vorkommen, daß die Widerstände nach längerem Betriebe eine innere Beschädigung erleiden. Solche Beschädigungen sind möglich dadurch, daß beispielsweise ein Teil des Widerstandes verbrennt und in sich kurzgeschlossen wird. Der beschädigte Widerstand wird dann einen geringeren Ohmwert aufweisen als der andere noch gute Widerstand des zweiten Motors, und hierdurch das zu ihm paralell geschaltete Feld in erhöhtem Maße schwächen. Dieser Motor wird dann naturgemäß überlastet werden und unter Umständen verbrennen.

Um die unsymmetrische Belastung der Motoren zu vermeiden, hat sich auch die Schaltung gut bewährt, einen und denselben Widerstand zur Schwächung beider in Reihe oder parallel zueinander geschalteten Felder zu verwenden. Doch bereitet bei Reihenparallelschaltung der Motoren diese Schaltung Schwierigkeiten.

Nachteile der Feldschwächung und deren Vermeidung.

Zur gründlichen Vermeidung der Fehler ist es aber unbedingt erforderlich, die Ausrüstungen nach Anschluß der Feldschwächungswiderstände stets aufs genaueste zu überprüfen. Dies geschieht am einfachsten mit Hilfe eines Widerstandsmeßapparates, dessen Zuleitungen an den Klemmen der beiden Feldwicklungen der Motoren angehalten wird. Hierbei wird der Fahrschalter oder bei Schützensteuerungen die Meisterwalze auf die Fahrstellung ohne Feld-

Abb. 33. Überprüfung der Anschlüsse bei einem Hochbahnwagen mit Schützensteuerung.

schwächung geschaltet. Der Widerstandsmeßapparat gibt dann die genauen Ohmwerte der beiden Feldwicklungen wieder. Hierauf wird auf die erste Feldschwächungsstufe geschaltet. Der Meßapparat zeigt dann den kombinierten Widerstand zwischen Feldwicklung und parallelgeschaltetem Feldschwächungswiderstand an. Diese Ohmwerte müssen ebenfalls bei beiden Motoren gleich und kleiner sein als der früher gemessene Widerstand der Feldwicklungen allein. Schließlich wird auf die zweite und letzte Feldschwächungsstufe geschaltet und das gleiche Verfahren wiederholt. Die bei beiden Motoren gemessenen Ohmwerte müssen dann wieder einander gleich sein, aber kleiner als die vorhin festgestellten Kombinationswiderstände. Die Sollwerte ergeben sich in einfacher Weise aus dem Kirchhoff'schen Gesetz.

Nachteile der Feldschwächung und deren Vermeidung. 39

In Abb. 33 ist beispielsweise zu ersehen, wie bei einem Wagen mit Schützensteuerung eine solche Messung durchgeführt wird.

Abb. 34. Überprüfung der Anschlüsse an einem Fahrschalter eines Straßenbahnwagens

Der Prüfende hält die Zuführungsleitungen zu dem Meßapparat an den Kontakten der seitlich unten am Wagen angebrachten Schützen an, an denen die Feldspulen angeschlossen sind, während am Führerstand der Fahrer bei ausgeschaltetem Automat die

Meisterwalze nacheinander auf die Fahrstufen mit vollem und geschwächtem Felde stellt.

In Abb. 34 ist das gleiche Meßverfahren bei einem normalen Straßenbahnwagen ersichtlich. Hier hält der Prüfende die Anschlüsse seines Meßapparates unmittelbar an die Finger des Fahrschalters am Führerstande an, an denen die Feldspulen angeschlossen sind, wobei wieder wie früher auf die Fahrstufen ohne und mit Feldschwächung geschaltet wird.

Eine solche Überprüfung der Feldspulen und ihrer Anschlüsse muß sowohl vor Inbetriebnahme der Ausrüstungen wie auch in regelmäßigen Zeitabschnitten im Lauf der Betriebszeit durchgeführt werden. Dann erst wird es möglich sein, entstehende Fehler in den Feldschwächungswiderständen rechtzeitig zu entdecken und schwere Beschädigungen der Motoren zu vermeiden.

Das Anwendungsgebiet der Feldschwächung.

Aus den bisherigen Ausführungen ergibt sich, daß die Feldschwächung oft große Vorteile für den Betrieb bringen kann, und zwar sowohl bezüglich Stromverbrauch, wie auch bezüglich Beanspruchung der Motoren und Anpassungsfähigkeit der Triebmittel an die verschiedenen gewünschten Fahrgeschwindigkeiten. Diesen Vorteilen stehen jedoch zuweilen Nachteile für die Motoren gegenüber, die, falls nicht entsprechende Vorsorge für deren Vermeidung getroffen wird, die Unterhaltungskosten der Anlage unter Umständen vergrößern können. Es wird daher bei der Beurteilung, ob Feldschwächung für einen bestimmten Betrieb verwendet werden soll oder nicht, stets erforderlich sein, Vorteile und Nachteile sorgfältig gegeneinander abzuwägen.

Eine bestimmte Festlegung des Verwendungsbereiches der Feldschwächung ist daher auch nicht ohne weiteres möglich. Von Fall zu Fall müssen die betreffenden Betriebsverhältnisse näher untersucht, unter Umständen der Fahrplan entsprechend ausgeglichen werden, um dann tatsächlich die günstigsten Ergebnisse zu erzielen.

Ganz allgemein jedoch lassen sich bestimmte Richtlinien für das Anwendungsgebiet der Feldschwächung geben. Zweckmäßig wird die Feldschwächung in folgenden Fällen zu verwenden sein:

Das Anwendungsgebiet der Feldschwächung. 41

a) Bei Betrieben mit kurzen Haltestellen-Entfernungen.

Bei Bahnen mit kurzen Haltestellenabständen und häufigen

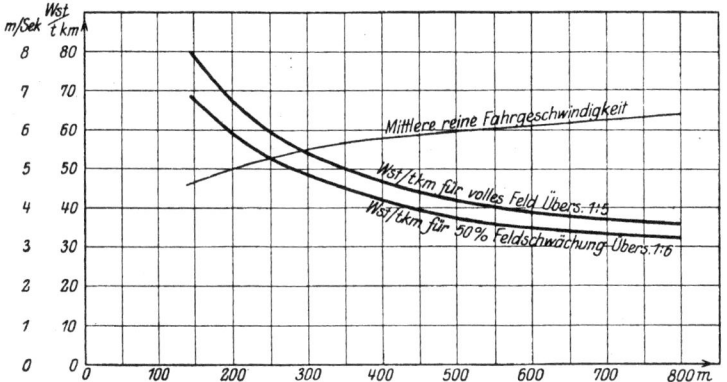

Abb. 35. Leistungsersparnisse bei Feldschwächung in Abhängigkeit vom Haltestellenabstand.

Anfahrten ist vor allem die Größe des Anfahrstromes auf die Erwärmung der Motoren und den Stromverbrauch von ausschlaggebender Bedeutung. Durch Wahl einer entsprechend großen

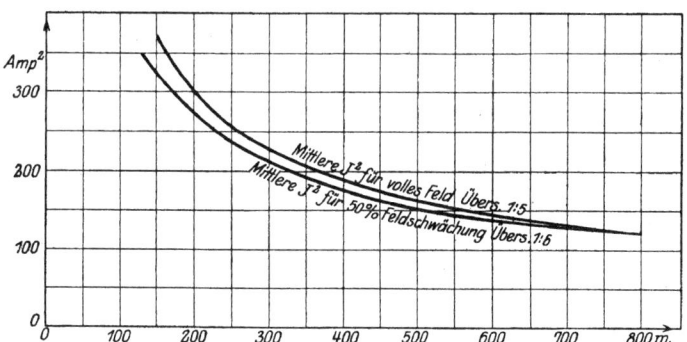

Abb. 36. Herabsetzung des mittleren quadratischen Stromes (Erwärmung).

Übersetzung und Verwendung von Feldschwächung, um die erforderliche Höchstgeschwindigkeit zu erzielen, kann der Anfahrstrom wesentlich herabgesetzt werden. Je kürzer die Haltestellenentfernung ist, desto größer sind die erzielbaren Vorteile.

Das Anwendungsgebiet der Feldschwächung.

In Abb. 37 ist eine Kurve wiedergegeben, aus der die Stromersparnisse in Abhängigkeit von der Haltestellenentfernung zu ersehen sind. Diese Kurve wurde aus einer Reihe von Fahrdiagrammen abgeleitet, die für ein Zuggewicht von 25 t für einen 40-kW-Motor aufgestellt worden waren. In dem einen Falle betrug die Übersetzung ohne Feldschwächung 1 : 5, in dem anderen Falle 1 : 6 mit einem Feldschwächungsgrade von 50%. Die Auslaufzeiten waren bei den jeweiligen Vergleichsdiagrammen ungefähr die gleichen. Die Ergebnisse für die einzelnen Haltestellent-

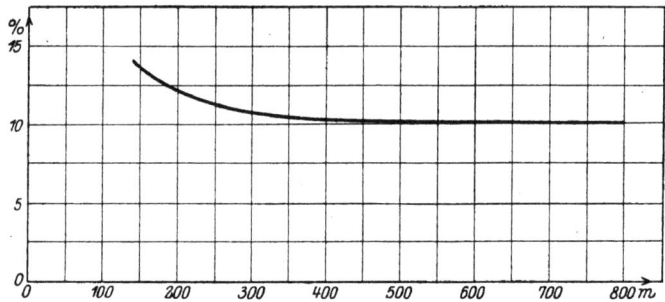

Abb. 37. Prozentuelle Leistungsersparnis durch die Feldschwächung in Abhängigkeit vom Haltestellenabstand.

fernungen sind bezüglich des Stromverbrauches in Abb. 35, bezüglich des mittleren quadratischen Stromes in Abb. 36 aufgetragen.

Wie ersichtlich, nehmen die Stromersparnisse bei Haltestellenentfernungen unter 400 m immer mehr zu, während sie bei größeren Haltestellenentfernungen praktisch die gleichen bleiben. Diese Werte werden naturgemäß je nach den betreffenden Betriebsverhältnissen, den Übersetzungen und Feldschwächungsgraden der Motoren verschieden sein; der Verlauf der Kurve wird jedoch stets ein ähnlicher bleiben.

b) Bei Bahnen mit abwechselndem Betriebe in der Stadt und über Land.

Bei solchen Betrieben, bei denen die Wagen teilweise innerhalb dicht bewohnter Stadtteile fahren mit vielen Haltestellen, teilweise in wenig bevölkerten Stadtteilen mit weiteren Haltestellenentfernungen und schließlich auf Überlandstrecken mit weiten Haltestellenentfernungen mit sehr hohen Fahrgeschwindigkeiten, wird die Feldschwächung infolge der größeren Anzahl

Das Anwendungsgebiet der Feldschwächung. 43

Fahrstufen, auf denen ohne Widerstandsverluste gefahren werden kann, große Vorteile bringen. Hierbei wird z. B. möglich sein, wie folgt zu fahren:

Innerhalb der Stadt bis zu etwa 16 km/St. Höchstgeschwindigkeit in Reihenschaltung der Motoren.

Innerhalb der Stadt bis zu etwa 20 km/St. Höchstgeschwindigkeit in Reihenschaltung mit Feldschwächung.

Außerhalb der Stadt bis zu etwa 30 km/St. Höchstgeschwindigkeit in Nebeneinanderschaltung der Motoren.

Außerhalb der Stadt bis zu etwa 36 km/St. Höchstgeschwindigkeit in Nebeneinanderschaltung mit Feldschwächung.

Natürlich stellen die angeführten Geschwindigkeiten nur ungefähre Werte dar, die je nach den Verhältnissen (Drehzahl der Motoren, Übersetzung, Raddurchmesser) innerhalb verschiedener Grenzen schwanken können.

Von großem Werte ist vor allem die **richtige Verwendung der Feldschwächung in der Reihenschaltung**, bei der auch eventuelle Nachteile nicht so zum Vorschein kommen wie in der Nebeneinanderschaltung der Motoren. Bei vielen städtischen Betrieben wurde sogar mit gutem Erfolge die Feldschwächung **nur** in der Reihenschaltung verwendet, während sie in der Nebeneinanderschaltung überhaupt fortblieb. In solchen Fällen kann auch der Feldschwächungsgrad besonders weit ausgedehnt werden.

Bei reinen **Überlandbahnen** wird die Feldschwächung nur den Vorteil haben, daß die Betriebsmittel infolge der größeren Anzahl wirtschaftlicher Fahrstufen sich besser dem vorhandenen Fahrplan anpassen werden und unter Umständen dann Verspätungen leichter einholen können. Stromersparnisse werden nur in ganz geringem Maße möglich sein, so daß es tatsächlich in solchem Falle zur Vermeidung von Nachteilen im allgemeinen zweckmäßiger sein wird, statt das Feld zu schwächen, eine kleinere Übersetzung zu wählen, die auch nebenbei noch den Vorteil einer größeren Lebensdauer der Zahnräder hat.

Im **Bergbetriebe** mit häufigen Steigungen und Gefällen wird Feldschwächung im allgemeinen wenig Vorteile bieten. Wie bereits früher nachgewiesen, ruft die Feldschwächung gerade bei den durch die Steigung bedingten höheren Zugkräften eine starke Erhöhung des Ankerstromes hervor. Infolge der dann verhältnismäßig hohen Ankerrückwirkung bei schwachem Felde wird die Maschine auf äußere Einflüsse, wie Stromschwankungen, mechanischen Stöße bei Befahren schlechter Schienenstöße außerordentlich empfindlich sein und dann leicht zum Feuern neigen. Durch Wahl einer kleineren Übersetzung können diese Nachteile vermieden werden, ohne daß ein Strommehrverbrauch und eine höhere Belastung der Maschine gegenüber den Verhältnissen bei der größeren Übersetzung mit Feldschwächung einzutreten braucht.

Am zweckmäßigsten wird es aber sein, falls es die Verhältnisse gestatten, den Fahrplan bei Entwurf der Bahn so zu wählen, daß die Steigungen mit der größeren Übersetzung ohne Feldschwächung befahren werden können. Die längere Dauer der Bergfahrt wird hierbei, wie schon früher aus der Endtemperaturkurve der Motoren nachgewiesen, infolge des niedrigeren Stromes immerhin für die Maschinen günstiger sein als die höhere Strombeanspruchung bei der kürzeren Fahrt. Auf der Ebene kann dann in solchen Fällen, falls die Erzielung hoher Fahrgeschwindigkeiten erforderlich ist, die Feldschwächung wieder eingeschaltet werden.

Verlag von Julius Springer in Berlin W 9

Konstruktionen und Schaltungen aus dem Gebiete der elektrischen Bahnen.
Gesammelt und bearbeitet von O. S. Bragstad, a. o. Professor an der technischen Hochschule Fridericiana in Karlsruhe. 31 Tafeln mit erläuterndem Text. Preis in Mappe M. 6.—

Die Bahnmotoren für Gleichstrom.
Ihre Wirkungsweise Bauart und Behandlung. Ein Handbuch für Bahntechniker. Von **M. Müller**, Oberingenieur der Westinghouse-Elektrizitäts-Aktiengesellschaft, und **W. Mattersdorff**, Abteilungsvorstand der Allgemeinen Elektrizitäts-Gesellschaft. Mit 231 in den Text gedruckten Abbildungen und 11 lithographischen Tafeln, sowie einer Übersicht der ausgeführten Typen. Gebunden Preis M. 15.—

Die Maschinenlehre der elektrischen Zugförderung.
Eine Einführung für Studierende und Ingenieure. Von Ingenieur Dr. **W. Kummer**, Professor an der Eidgenössischen Technischen Hochschule in Zürich. Mit 108 Textabbildungen. Gebunden Preis M. 6.80

Elektromotoren für Gleichstrom.
Von **G. Roeßler**, Professor an der Technischen Hochschule zu Danzig. Zweite, verbesserte Auflage. Mit 49 Textabbildungen. Gebunden Preis M. 4.—

Magnetische Ausgleichsvorgänge in elektrischen Maschinen.
Von **J. Biermanns**, Vorsteher des Hochspannungslaboratoriums der A. E. G. Mit 123 Textabbildungen.
Preis M. 17.—; gebunden M. 19.—

Lehrbuch der elektrischen Festigkeit der Isoliermaterialien.
Von Dr.-Ing. **A. Schwaiger**, a. o. Professor an der Technischen Hochschule Karlsruhe. Mit 94 Textabbildungen.
Preis M. 9.—; gebunden M. 10.60

Die Materialprüfung der Isolierstoffe der Elektrotechnik.
Herausgegeben von **Walter Demuth**, Oberingenieur und Prüffeldvorstand der Gesellschaft für drahtlose Telegraphie (Telefunken), Berlin, unter Mitarbeit von **Kurt Bergk** und **Hermann Franz**, Ingenieuren derselben Gesellschaft. Mit 76 Textabbildungen.
Preis M. 12.—

Die elektrische Kraftübertragung.
Von Dipl.-Ing. **Herbert Kyser**, Oberingenieur.
Erster Band: Die Motoren, Umformer und Transformatoren, ihre Arbeitsweise, Schaltung, Anwendung und Ausführung. Zweite, umgearbeitete und erweiterte Auflage. Mit etwa 290 Textabbildungen und 5 Tafeln. Unter der Presse.
Zweiter Band: Die Leitungen, Generatoren, Akkumulatoren, Schaltanlagen und Kraftwerkseinrichtungen. Ihre Berechnungsweise, Schaltung, Anwendung und Ausführung. Zweite Auflage. In Vorbereitung.

Hierzu Teuerungszuschläge

MIX
Papier aus verantwortungsvollen Quellen
Paper from responsible sources
FSC® C105338

If you have any concerns about our products,
you can contact us on
ProductSafety@springernature.com

In case Publisher is established outside the EU,
the EU authorized representative is:
**Springer Nature Customer Service Center GmbH
Europaplatz 3, 69115 Heidelberg, Germany**

Printed by Libri Plureos GmbH
in Hamburg, Germany